新农村科普书架系列丛书

话说 HUASHUO 生物农药

科技部中国农村技术开发中心　组织编写

仝赞华◎主编　　邱德文◎主审

U0351915

中国劳动社会保障出版社

图书在版编目（CIP）数据

话说生物农药 / 仝赞华主编. —北京：中国劳动社会保障出版社，2013

（新农村科普书架系列丛书）

ISBN 978-7-5167-0750-0

Ⅰ.①话… Ⅱ.①仝… Ⅲ.①生物农药 - 普及读物

Ⅳ.① S482.1-49

中国版本图书馆 CIP 数据核字（2013）第 294848 号

中国劳动社会保障出版社出版发行

（北京市惠新东街 1 号 邮政编码：100029）

＊

三河市潮河印业有限公司印刷装订 新华书店经销

880 毫米 × 1230 毫米 32 开本 5.5 印张 99 千字

2013 年 12 月第 1 版 2013 年 12 月第 1 次印刷

定价：25.00 元

读者服务部电话：（010）64929211/64921644/84643933

发行部电话：（010）64961894

出版社网址：http://www.class.com.cn

前言

党的十八大明确指出，要加快发展现代农业，积极推进现代农业示范区建设，提高农业规模化、标准化、集约化、专业化水平，要把解决好农业农村农民问题作为全党工作的重中之重。当前，我国农业生产技术相对落后，农民科学意识比较薄弱，农业发展正处于从数量型向数量与质量、效益型并重转变的新阶段，发展有中国特色的现代农业、建设社会主义新农村成为当前农业和农村工作的重要任务。根据新农村建设的总体要求，全面促进农村经济社会发展是根本，加大农业科技人才培养是保证，培育一批有文化、懂技术、会经营的新型农民是关键。

为更好地在农村普及科技文化知识，让广大农民了解农业生产的前沿技术和未来农业发展的新动态，树立先进思想理念，倡导绿色健康生产生活方式，中国农村技术开发中心联合中国劳动社会保障出版社组织相关领域的专家，从克隆技术、精准农业、生物农药、低碳农业等农业前沿技术和热点话题入手，编写了"新农村科普书架系列丛书"，首批推出的图书有《话说转基因》《话说克隆技术》《话说生物农药》《话说精准农业》《话说低碳农业》《话说农业生态环境》《话说农产品与食品安全》《话说节气与农业生产》。该套丛书采用话题和讨论等形式，通俗易懂、图文并茂、深入浅出地介绍了大量普及性、实用性的农业科学知识、农业生态环境知识、农业先进技术等。希望这套丛书能够成为广大农民朋友、农业科技人员、农村经纪人和农村基层干部了解农业前沿技术、提高科学知识水平、强化科技意识和环保意识的普及图书，为现代农业的科学发展、为新农村的健康生活提供技术指导和咨询。

本套丛书在编写过程中得到了中国农业科学院、浙江大学、西北农林科技大学、北京市农林科学院、北京市产品质量监督检验所、内蒙古大学等单位众多专家的大力支持。参与编写的专家倾注了大量心血，付出了辛勤的劳动，将多年丰富的实践经验奉献给读者。主审专家投入了大量时间和精力，提出了许多建设性意见和建议，在此表示衷心的感谢。

由于编者水平有限，时间仓促，书中错误或不妥之处在所难免，衷心希望广大读者批评指正。

编委会

2013 年 10 月

编者的话

　　本书在编写中得到众多同行专家的支持与指导。中国科学院大连化学物理研究所赵小明研究员和中国农业科学院植物保护研究所的杨怀文研究员、张泽华研究员、李世东研究员、蒋细良研究员、杨秀芬研究员、谢明研究员、农向群研究员、王广君副研究员、郭荣君副研究员、孙漫红副研究员等热情提供了图片或文字资料；中国科学院大连化学物理研究所杜昱光研究员、湖北省农业科学院杨自文研究员、西北农林科技大学张兴教授、中国农业科学院植物保护研究所张礼生副研究员等专家的部分学术交流资料或图片被授权采用。在此，对众位同行专家的知识产权和辛勤劳动表示尊重，对各位专家的无私帮助致以衷心的感谢！

笔者

2013 年 11 月 25 日

内容简介

　　过度使用化学农药对农作物、土壤和环境造成了严重污染，因此，人们对农业作物的保护方式已经逐渐从化学防治向生物防治转变。生物农药是生物防治的重要组成部分，与化学农药相比，生物农药具有选择性强、对人畜安全、对生态环境影响小等优势，世界各国都非常重视生物农药的研究和应用。本书系统介绍了生物农药及其应用范围和方法，内容包括能捕食或寄生害虫的天敌昆虫，能抑制、杀灭害虫或植物致病菌的微生物及其制剂，来源于植物的、能杀虫抑菌的生物农药，可用于农业生产的抗生素——农用抗生素，以及应用潜力巨大的新型生物农药——植物免疫激活剂等，还在许多章节中介绍了一些生物农药的应用实例。

　　本书配有大量图片，生动且通俗易懂。旨在让更多关注食品安全的人了解生物农药，让农业生产者在食物原料的生产中引入生物农药的绿色防控手段，从而有效地减少化学农药的使用，降低食物中的农药残留，提高全民的生活质量。同时，希望本书的出版可以帮助广大农民读者、基层农业技术推广人员认识和了解生物农药，普及生物农药的应用技术。

目录

神奇的生物农药

说说 生物农药

● 什么是生物农药

许多人对"生物农药"这个名词不太了解，其实它与大家所熟知的化学农药的用途一样，都是用于防治农作物病虫害的。在日常生活中，有些人看到过生物农药的使用情景。例如有人在公园里或果园里看到过技术人员在果树、庄稼或花卉的枝条上悬挂装有天敌昆虫的小袋（见图1—1），这是在释放天敌昆虫。这种生产好的装在小袋子里的天敌昆虫就是生物农药的一个种类。

1

图1—1　技术人员在棉田或树上悬挂装有天敌昆虫的小袋

（左：悬挂捕食螨防治蚜虫；右：悬挂周氏啮小蜂防治美国白蛾）

● 生物农药源于生物活体

所谓"生物农药"是指利用生物活体或其代谢产物对害虫、病菌、杂草、线虫、鼠类等有害生物进行防治的一类农药，是天然存在的或者经过基因修饰的药剂。生物农药与常规化学农药的区别首先在于其源自生物，要么是生物活体本身，要么是生物（动物、植物、微生物）的活性代谢产物；其次是其独特的作用方式、较低的使用剂量以及其靶标种类的专一性。

● 生物农药不会污染环境

由于生物农药大多是自然界的天然产物，所以比起人工合成的化学农药，它们更贴近自然，对生态环境造成的污染非常轻微，是环境友好型产品。这些产品的使用在有效地控制农业病虫害的同时，又保护了农业生产环境和人类健康，是非常有发展前途的一类新型农药。

说说 生物农药都有哪些种类

● 生物农药的范畴有狭义与广义之分

生物农药的范畴非常宽泛，有狭义与广义之分。狭义的生物农药范畴包括天敌昆虫、微生物农药、植物源农药和转基因生物农药；广义的生物农药范畴则在此基础上再加上生物化学农药和农用抗生素。就科学研究而言大家都倾向于用广义的范畴来界定，而在具体的农药登记政策中各个国家会根据自己的国情有不同的认可规定。例如，澳大利亚和美国的生物农药登记中就不列农用抗生素，植物源农药也只列入了其中一部分。我国的生物农药登记中基本沿用了广义的生物农药概念。

● 我国对生物农药如何分类

对于生物农药的范畴，目前国内外尚无统一的界定。不同的国家和地区对生物农药的管理范畴不同。在我国，生物农药首先分为直接利用生物活体和利用源于生物的生理活性物质两大类群。在生物活体的大类群中，又包括不同生物本质的有益天敌昆虫和有益拮抗微生物，即天敌昆虫农药和微生物农药两大类。在天敌昆虫农药中，可以依据其杀灭害虫的方式不同被

3

分为捕食性天敌和寄生性天敌，在捕食性和寄生性天敌中又包含很多具体的天敌种类（如寄生性天敌中的赤眼蜂、丽蚜小蜂、周氏啮小蜂等；捕食性天敌中的捕食螨、瓢虫、草蛉等）。在微生物农药中，根据微生物本身的性质不同分为真菌、细菌、昆虫病毒和原生动物等不同的类别。每一个具体类别中又包含各种不同的微生物品种（如细菌中的苏云金杆菌、芽孢杆菌，真菌中的绿僵菌、白僵菌、木霉菌等）。除了上述的活体生物农药外，还有一大类来源于生物材料的生理活性物质，即生物的代谢产物。这些物质可以根据它们的来源不同而被分为植物源农药（植物体中含有的杀虫或抑菌物质）、生物化学农药、农用抗生素等。从另一个角度来看，生物农药还可以根据作用对象的不同而分为杀虫剂、杀菌剂、除草剂、杀螨剂、杀鼠剂、植物生长调节剂等。

● 根据生物农药制剂来分类相对简单

生物农药的分类虽然很复杂，但实际形容起来很简单，往往是把多种分类方法的结果综合表述了。例如，捕食性天敌昆虫——瓢虫，基本说明了它的分类身份；再比如细菌杀虫剂——苏云金杆菌，从这个名字可看清楚它的分类和作用，微生物农药中的细菌杀虫剂——苏云金杆菌，就是它的"身份证"了。当然，每一种生物农药产品中往往还有许多具体的产品制剂形式（即剂型），对不同的剂型可能在用法、用量上有差异，还需要具体区分。

● 生物代谢物类生物农药的分类

在生物源的各种代谢产物中包含的内容也很丰富。例如，植物源农药——从植物的根、茎、叶等不同部位提取、纯化出来的一些天然的杀虫、抗菌成分；农用抗生素——微生物经发酵培养后分离提取出的一些具有杀虫、抗菌效果的微生物代谢产物；生物化学农药——来源于动植物、微生物的一些具有可调节植物生长或调控昆虫生长代谢的天然化学物质。在植物生长调节剂中，既包含了大家熟知并常用的小分子化合物，如乙烯利、赤霉酸等，也包括了一些近年来研究的新成果，如植物激活蛋白、氨基寡糖素等；其中还包括了一类可抑制害虫生长的昆虫激素（如蜕皮激素、保幼激素）和可干扰害虫交配繁殖或起到诱捕诱杀害虫效果的昆虫信息素（如某些昆虫的性信息素、报警信息素）等。

小知识

不同的国家对生物农药登记管理的范畴也不同，在欧美国家普遍不包含农用抗生素的内容。同时在登记管理的尺度上要求也不同，可能与具体生物农药种类对人、畜或环境的安全程度差异相关。

神奇的生物农药

话题一

● **反复种植同一作物易导致特定病虫害的集中暴发**

在农业生产中，随着耕地使用时间的延长，不可避免地会发生农作物病虫害，在同一地块上反复种植同一种作物，不但容易造成该地块土质营养的偏耗，更容易导致病虫害的频繁和大规模发生。这是由于，一方面每种植物生长对营养的需求不同，吸收土壤养分的种类和量就不同，长时间反复种植同一品种作物（重茬种植），这种对营养的偏耗就凸显出来，土壤中营养的失衡容易使作物因缺失营养而长势弱，不利于抵抗病虫害的侵袭，就像人身体弱了容易生病一样；另一方面，某些害虫或病菌已经习惯了在这种反复种植的作物上的生长环境，生长繁殖速度更快，这就使得相关的虫害或病害更容易发生和蔓延。近年来，一些农作物的集约化种植模式，更容易造成某几种特定病虫害的集中暴发。例如某蔬菜生产基地常年负责北京等地蔬菜的集中供应，如果某一种蔬菜销量大且价格贵，那么这个基地就在其主要地块常年重复种植这一种蔬菜，这就不可避免地造成了这种蔬菜特有的病虫害的集中发生和日益严重。在病虫害发生严重时，为避免造成过大的经济损失，就需要施农药控制病情或虫情，就像人病了需要服药治疗一样，农药的使用也就不可避免了。

● 速效农药曾经有效控制了农业病虫害的发生和蔓延

我国是最早应用杀虫剂、杀菌剂防治植物病虫害的国家之一，早在 1 800 年前就已应用了汞剂、砷剂和藜芦等防治植物病虫害。到了 20 世纪 40 年代初，植物性农药和无机农药仍是防治病虫害的有力武器。新中国成立初期，百业待兴。那时全国人口在 4.5 亿人左右，农业生产还相对落后。为了保证粮食产量，必须有效地控制农业病虫害的发生和蔓延。当时国家着力研发了一批速效的化学农药，比如六六六、DDT 和一些有机磷农药，这些农药的适量使用为当年的农业生产立下了汗马功劳，有效地控制了农业病虫害的发生，保证了粮食产量，解决了全国人民的吃饭问题。当然，这些新中国成立初期应用的农药由于毒性较大，已在后来的农业生产中陆续禁用了。

● 农药的过度使用造成了土壤的高残留污染

几十年来，随着我国人口的不断激增，从新中国成立初期的 4.5 亿人变成了当下的 13 亿多人，增长了 2 倍以上。人口的激增对粮食需求的压力可想而知。随着农业生产负担的不断增大，加上城市化建设和环境变化造成耕地沙漠化而导致的耕地减少，总体上造成可用耕地的重复使用率大大增加，使农业病虫害的发生也越加严重，进而导致农药的单位面积使用量越来越大，农药在土壤中的残留累积也越来越多，农田害虫和病菌对农药的抗药性也越来越高，如此形成了恶性循环，以致发展

神奇的生物农药

话题一

到现在，许多农田出现了农药的高残留污染现象。食用了使用过量农药生产的粮食或蔬菜，会对公众的健康构成威胁。2010年年初在海南发生的"毒豇豆""毒节瓜"事件，2010年4月在青岛发生的食用韭菜有机磷中毒事件等都曾在全国范围内造成了恐慌性的影响。因此，降低化学农药的使用量，减少农产品的化学残留，保障食品安全，已成为提高人们生活质量及影响我国社会稳定的重中之重。

小资料

有调查资料显示，我国已成为世界第一的农药生产和使用大国，截至2009年，我国的农药总产量已超过226万吨，单位面积农田的化学农药平均用量已高出世界平均用量2.5~5.0倍，我国每年遭受农药残留污染的作物面积约达12亿亩，其中污染严重的比例达40%，而蔬菜、水稻、果树和茶叶等农产品的农药用量和农药残留问题尤其严重。近年来，农药残留导致的食品安全问题非常突出，每年仅因蔬菜农药残留超标导致的中毒事故就多达10万人次，造成的外贸损失高达70亿美元。

● 生物农药源于天然，环保又安全

生物农药以其来源于天然，在环境中易被分解，基本无残留，且对作用目标（靶标）专一性强，对非靶标无毒、无影响等突出的环境友好性，能有效克服害虫或病菌的抗药性等特点，

8

对粮食和食品安全可靠，因此，越来越受到国家和农业生产技术部门的重视。用生物农药等环保技术生产出来的农产品越来越受到广大消费者的欢迎。

　　党和国家对百姓健康和食品安全问题十分重视，针对农药残留污染是食品安全问题的源头问题，温家宝同志曾在中央农村工作会议上明确指出，"解决农产品质量安全问题，必须关口前移，从源头抓起"。食品安全必须从源头抓起。因此，大力发展以生物农药使用技术为核心的病虫害综合防控技术对保护农业生态环境有利，是生产绿色食品、有机食品，解决农产品生产源头污染问题的根本技术保障。

小资料

　　自我国加入世界贸易组织（WTO）以来，在大大促进我国农产品出口贸易发展的同时，欧洲、美国、日本等一批经济发达国家对我国的农产品进口检测标准也日益严格，甚至达到了苛刻的程度。例如，日本为了限制我国菠菜对其出口，在 2002 年 4 月公布的菠菜中"毒死蜱"（一种有机磷农药）的准许残留量标准为 0.01 mg/kg，大大超出了美国、欧盟等国家 0.05 mg/kg 的标准，比日本自己菠菜中其他有机磷农药的残留标准还要严格 10 倍。为了打破这一世界贸易中的技术壁垒，大力发展和使用生物农药，尽量减少化学农药的使用量，对保护我国的农产品出口也显得尤为重要。

说说 国内外对发展生物农药的重视程度

众所周知，近几十年来，由于人类部分技术的不平衡发展，致使全球环境与气候迅速恶化，污染严重，其中包括过度使用化学农药和化肥造成的农田环境污染。为了保护地球，减少污染，早在 1992 年，"世界环境与发展大会"就明确提出，到 2015 年要在全球范围内控制化学农药的销售和使用，生物农药的使用量应达到 60％ 或以上。各国都在纷纷向着这个目标努力。

● 欧美重视生物防治技术，走在了世界的前列

在这方面，欧美等发达国家十分重视对生物农药的研发、生产和应用，走在了世界的前列。欧美等发达国家在 20 世纪初就开始重视"生物防治"技术的运用。所谓"生物防治"是指用生物或生物代谢产物来控制有害生物的技术。"生物防治"最早的概念源于用天敌昆虫防治害虫，后来才慢慢发展成用多种生物、微生物或它们的代谢产物来广泛防治农业、林业和花卉的病虫害。因此，目前国际上商品化生产成效最显著的还是对天敌昆虫的扩繁和利用。

小资料

目前国际上较大规模的天敌公司有 80 余家，其中有 26 家在欧洲，10 家在北美。据专家统计，在欧美地区，已能商品化生产和利用的天敌昆虫已有 130 余种，主要包括赤眼蜂、丽蚜小蜂、草蛉、瓢虫、中华螳螂、小花蝽、捕食螨等。国际上有代表性的大公司包括英国的 BCP 天敌公司、荷兰的 Koppert 公司等。仅以英国的 BCP 公司为例，其天敌产品的年产量达到 1.6 亿只，覆盖农作物的总面积约为 500 公顷，收入达 110 万英镑。在荷兰、法国、比利时、西班牙、美国等发达国家，天敌已作为商品被广泛接受，用于果园、大田、温室和园艺作物的害虫防治。

近几十年，欧美等发达国家在除天敌昆虫以外的其他生物农药尤其是微生物农药的研制与商品化生产上也取得了很大进展，像拜尔、孟山都、先正达等一些国际的跨国巨头公司都纷纷加入到生物农药生产销售的行列，并逐步成为了生物农药的生产和销售大厂。据报道，仅在 2009—2011 年的三年间，在美国环境保护署登记的生物农药品种就有 30 个。

目前世界上生产应用的生物农药产品种类繁多，包括细菌杀虫剂、真菌杀虫剂、病毒杀虫剂和各种真菌、细菌的抑菌抗病制剂等，有些国家还包括农用抗生素。在众多的微生物农药中，生产和使用量最大的当属苏云金杆菌（简称 Bt）制剂——一种细菌杀虫剂，其每年的销售量占到所有微生物农药制剂的一半以上。

但是，我国的生物农药生产厂家多数规模很小，在 200 多家相关企业中，上规模的还不到 10 家。除了品种单一、资金不足、设备陈旧等因素外，再加上季节性影响、销售渠道不畅、技术服务滞后等其他问题，制约了生物农药产业的发展。然而我国的生物农药市场潜力很大，发展空间很大，公众对食品安全的呼声很高，这是整个行业发展的动力。相信在政府的支持下，经过科研人员和相关生产者的不断努力，我国的生物农药行业必定能得到更大更快的发展。

● 我国对生物防治技术的研发和利用越来越重视

自新中国成立以来，随着人民生活水平的提高，国家和政府对生物农药的研发与利用越来越重视，几十年间不断加大科研投资力度，改善管理条件，使我国生物农药的研发、生产和应用都取得了长足的进步。在天敌昆虫的研究利用方面，经过几十年的努力，先后掌握了瓢虫、赤眼蜂、日光蜂、丽蚜小蜂、平腹小蜂、捕食螨等多种天敌昆虫的人工扩繁及释放应用技术。早年间，在应用赤眼蜂大面积防治玉米螟等方面取得了可喜的成功，近年来又在应用捕食螨防治叶螨、应用周氏啮小蜂防治美洲白蛾、应用寄生蜂防治椰心叶甲（见图 1—2）等多方面获得了突破。在其他生物农药的应用研究与开发方面，我国同样有长足的发展。

图1—2 应用寄生蜂防治椰心叶甲

小资料

据权威人士介绍，截至2010年3月，在我国登记注册的各种生物农药的有效成分有50种，产品总数为2 489种（包括161种原/母药）。范围包括了微生物农药、植物源农药、生物化学农药和抗生素农药。

我国的生物农药生产和销售与世界发达国家相比仍有很大差距。比如我国目前还没有正式登记的天敌昆虫产品，我国的生物农药产品种类和产量发展不平衡，其中主要以苏云金芽孢杆菌、阿维菌素、井冈霉素为主，它们的生产量和销售额占到了整个生物农药产品的90%以上，其他多品种的生产和销售总和只占不到10%。

神奇的生物农药

话题一

话题二

有趣的天敌昆虫

自然界中有许多常见的生物天敌，正像大家都熟知的猫与老鼠，或是小朋友都熟知的啄木鸟啄吃树上的害虫，就连老话中常说的"螳螂捕蝉，黄雀在后"，都是自然天敌存在的实例。

自然界中同样存在着许许多多能抑制害虫生存繁衍的生物，其中既包括昆虫、螨类、蜘蛛等昆虫界本身的天敌，又包括鸟类、蜥蜴、蛙类等其他种类的生物，还包括昆虫病原细菌、真菌、病毒、线虫、微孢子虫等微生物的天敌资源。我国科学家在 20 世纪 80 年代初对全国菜田天敌进行的调查资料显示，作用于全国各地菜田的天敌生物种类达到了 821 种，分别属于 10 个纲 21 个目 118 个科的不同生物。这么多种生物在它们各自不同的生境里、不同的季节对害虫的不同虫态发挥着各自独特的抑制作用，共同构成了农业生产中害虫控制的重要体系。在这个庞大的控制体系当中，利用天敌昆虫防治农业害虫是重要的生物防治手段。

15

说说 为什么要保护和利用天敌昆虫

　　自然界中天敌昆虫与害虫的存在本来是相互制约、共同存在的自然现象。比如在原始森林稳定的生态环境中，没有外界的干扰，天敌与害虫的种群数量是自然消长的。当害虫数量多时，天敌的食物充足，生长条件也适合，因而天敌的数量也随之增加，而当害虫的种群数量下降时，天敌的食物减少，天敌的生存条件受到限制，天敌昆虫的种群数量也随之下降。这样的结果是害虫与天敌昆虫之间总能形成比较稳定的相互制约的种群数量平衡关系，因此一般不会出现害虫猖獗成灾的情况。但是在人为耕种的农田、菜田、温室等不稳定的生态系统中，由于农田操作中翻耕、灌水、打药、施肥等多种人为因素的干扰，使天敌昆虫原有的生存和生活环境频繁地发生变化，尤其是近些年来对农药的频施滥用，杀灭了很多天敌昆虫，同时造成更多的天敌昆虫不易定居繁衍。这样就打破了天敌与害虫间的种群数量平衡关系，使天敌不能对害虫形成稳定的抑制态势，因此体现不出天敌对害虫的自然防控效果。在当今，国家和全民都高度重视食物安全的前提下，恢复有益天敌昆虫的种群数量，实现天敌昆虫对农业害虫的自然防控，是实现食品安全生产的重要条件。而要保护和利用天敌昆虫，对农田生态环境系统的保护也成为极为重要的前提因素。

用于农业生产的天敌昆虫有哪些

● 植食性昆虫与肉食性昆虫

自然界存在两类昆虫：一类是吃植物的，称为植食性昆虫；另一类是吃其他昆虫的称为肉食性昆虫。在农业上，人们总是把吃庄稼的昆虫看成害虫，因为它们的存在影响了农产品的产量和质量，所以农业上的植食性昆虫多为害虫。为了保障农业生产的经济产值，人们必须对农业害虫进行控制和杀灭。肉食性昆虫由于能捕食或寄生其他昆虫而成为害虫的天敌，在农业生产中自然会被保护和利用。有天敌的存在，农业害虫的种群数量就会得到良好的控制。

● 捕食性天敌昆虫和寄生性天敌昆虫

农业上可应用的天敌昆虫的种类很多，总体上根据它们对害虫的作用方式不同可分为两大类：捕食性天敌和寄生性天敌。捕食性天敌是指能够捕捉害虫并将它们吃掉的一类天敌昆虫，比如能吃蚜虫和粉虱的瓢虫、草蛉等。一只捕食性天敌在生长的过程中能吃掉数百只甚至数千只害虫，成绩斐然。寄生性天敌则是指那些在自身的幼虫期附着在被寄生昆虫（寄主）的体

话题二

17

内或体表，夺取寄主身体内的营养来孵化自身的卵并供自身生长，最终导致寄主害虫死亡的一类天敌昆虫。这些天敌在成虫后往往飞离寄主，单独生活。寄生性天敌对寄主的杀灭就像孙悟空钻进铁扇公主肚子里破坏一样，铁扇公主被从体内制服，表面再有本领也是无计可施的。寄生性天敌对寄主的杀灭往往是一对一的，但也有的在寄生以后还要捕食一些附近的同种寄主的卵才能完成发育生长，这种情况属于既能寄生又能捕食。在寄生性天敌大类里还可以依据天敌寄生在害虫的卵、幼虫、蛹、成虫等不同发育期而具体被分为卵寄生、幼虫寄生、蛹寄生和成虫寄生。在我国农业生产中大量繁殖应用以防治玉米螟等害虫的赤眼蜂就属于卵寄生蜂。

尽管自然界存在的天敌昆虫种类繁多，但目前能在世界上形成大规模商业化生产和应用的种类并不多，在我国农业生产中经常应用的种类更为有限。以下简单地介绍几种农田和温室中常用的天敌昆虫。在这些天敌昆虫中有的在欧美国家已形成商品出售，有的在我国虽未形成正式商品但也大面积应用了很多年，甚至成为经典防治方法，有的则是近一二十年来新兴的应用品种或方法，有着良好的发展前景。

说说 能捕食其他昆虫的天敌昆虫

● 螳螂捕蝉，黄雀在后

捕食性天敌昆虫是指专门以其他昆虫或动物为食物的昆虫。这种天敌直接蚕食虫体的一部分或全部，或者刺入害虫体内吸食害虫体液致其死亡。自然界中的捕食性天敌很多（见图2—1），

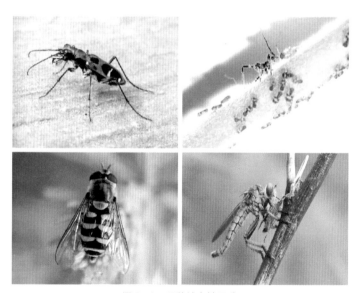

图2—1 几种捕食性天敌

（左上：虎甲；右上：猎蝽；左下：食蚜蝇；右下：食虫虻）

19

俗语中常说的"螳螂捕蝉，黄雀在后"就是最典型的例子。在当前的农田和温室中能够被商品化应用的捕食性天敌种类并不多，比较常见的主要有捕食螨、食蚜瘿蚊、草蛉、瓢虫、小花蝽等。

● 细说捕食螨

螨类与蜘蛛属于同一类

提起螨类，很多人不太熟悉。其实螨类与蜘蛛属于同一类，只不过螨类个体很小。最大的螨用肉眼看起来也只不过是一个小点，人们平时看不见，只有在显微镜下才能清楚地看清它们的模样。螨类和蜘蛛一样有八条腿，没有翅膀，前面是一个小小的头部，后面紧连着一个圆圆的大肚子。螨虫中有一类是专吃植物的，称为植食性的，是害螨，能给农作物或果树带来巨大的损害。在玉米、棉花、水稻、蔬菜、茶树、柑橘等各种作物上，一旦发生螨类为害，就能使植物叶子布满白点，以致整个叶片变白、脱落，开花减少，甚至影响结果。害螨的个体虽小，但繁殖速度很快，适应性也强，一旦发生就迅速蔓延，很难防治。近二十年来害螨在农业上的危害日渐严重，已由原来的次要害虫上升为主要害虫。科学家们探究近年来害螨猖獗的主要原因，发现竟然是大力灭虫的结果。由于在农田大量滥用农药，杀伤了瓢虫、草蛉、蜘蛛、蓟马、一些捕食螨类以及寄生蜂等天敌，却使得抗药性较强的螨类幸存了下来，从而脱离了天敌的控制，形成了害螨猖獗的局面。

捕食螨是非常有用的生物资源

在螨虫家族中有一类能捕食其他螨类的成员，称为捕食螨

（见图2—2）。捕食螨是多种益螨的总称，是以有害的植物叶螨（如柑橘红蜘蛛、锈壁虱等）为主要食物的杂食性螨，是害螨的天敌。捕食螨具有捕食量大、食物范围广、发育历期短、适生性强等特点，是非常有用的生物资源。捕食螨的范围很广，包括很多个科属，如像赤螨科、大赤螨科、绒螨科、长须螨科、植绥螨总科等。目前研究较多并已用于农业生产的，还局限于植绥螨科中的一些种类，如胡瓜钝绥螨、智利小植绥螨、长毛钝绥螨、巴氏钝绥螨、瑞氏钝绥螨、加州钝绥螨、尼氏钝绥螨、纽氏钩绥螨、德氏钝绥螨、拟长毛钝绥螨等。

图2—2　两种捕食螨

（左：胡瓜钝绥螨；右：蒲螨）

　　目前国际上一些知名的生物农药公司都有不同的捕食螨产品销售，例如荷兰的Koppert公司就有智利小植绥螨（*Phytoseiulus persimilis*）、加州钝绥螨（*Neoseiulus californicus*）等捕食螨产品出售。

小知识

在科学研究和生防商品购买应用中，无论是提到害虫、天敌昆虫，还是微生物等，为了避免因地域、口音、老百姓常用的俗名等引起名称上的混乱，都要使用这些生物的拉丁文名称。就像人的身份证号码一样，不管一个人的学名、乳名、外号有多少个，身份证号码只有一个，对上了就不会认错了。在本文里各种生物的中文名称后面括号里的斜体字就是这个生物的拉丁文名称。

近十多年来，国内从事捕食螨研究和开发利用的单位也不少，比如广东昆虫研究所、福建省农科院、赣州市植保站等。其中，福建省农业科学院张艳璇博士领导的团队在利用捕食螨防治果树和多种作物上的叶螨方面成绩比较显著。经过多年努力，成功引进、驯化、筛选并生产出以胡瓜钝绥螨为首的捕食螨天敌产品，已在国内开展了大面积的推广应用。

胡瓜钝绥螨（*Neoseiulus cucumeris* Oudermans，*Amblyseius cucumeris*）

胡瓜钝绥螨作为一种优良天敌被发现以来，已成为国际上各天敌公司的主要产品。在国外胡瓜钝绥螨主要用于温室花卉、蔬菜上控制蓟马、跗线螨等危害。1996 年福建省农业科学院张艳璇博士的团队通过国家引智项目引进了胡瓜钝绥螨。此后成功地研究出适合我国国情具有自主知识产权的胡瓜钝绥螨人工饲养方法及工艺流程，并获得国家发明专利。解决了产品包装、冷藏、运输等技术难题，同时发展并完善了一套以应用胡瓜钝绥螨为主的"以螨治螨"生物防治技术。目前，胡瓜钝绥螨已在全国20个省市的500余个县市的柑橘、棉花、香梨、啤酒花、桃、板栗、苹果、玉米、枣、茶叶、毛竹、玫瑰等作物上应用，可防治柑橘全爪螨、柑橘锈壁虱、柑橘始叶螨、二斑叶螨、截形叶螨、土耳其斯坦叶螨、山楂叶螨、苹果全爪螨、侧多食跗线螨、茶橙瘿螨、咖啡小爪螨、南京裂爪螨、竹裂螨、竹缺爪螨等多种害螨，成功率达85%~95%，可减少农药年使用量40%~60%，深受农民的欢迎。胡瓜钝绥螨成为了我国有代表性的一个广泛应用于多种农作物生产的天敌商品。

智利小植绥螨（*Phytoseiulus persimilis*）

智利小植绥螨属蛛形纲蜱螨目植绥螨总科，是捕食叶螨和跗线螨的重要天敌（见图2—3）。它原分布于地中海沿岸的温暖地区和智利，后被引种到世界各地并在许多国家和地区获得

图2—3　智利小植绥螨

（左：成螨个体；右：正在捕食的螨）

种群定居。智利小植绥螨在欧、美和俄罗斯等许多国家已实现机械化大规模饲养，广泛用于温室作物上害螨的防治。中国于20世纪70—80年代先后多次从瑞典、英国、澳大利亚引进智利小植绥螨，并在北京、上海、江苏、江西等地繁殖成功，科学家对其生物学、生态学及田间应用效果等多方面进行了研究，取得了可喜的成果。但目前在我国尚未形成登记商品。一些国外天敌公司有此类商品出售。

智利小植绥螨雌性比雄性体大，雌螨体长约350μm，橙色。背板退化，体2/3以上裸露，体毛长。背板刚毛14对，胸毛3对。腹肛板卵形，生殖板狭窄。智利小植绥螨一生经历卵、幼螨、第1若螨、第2若螨而到成螨。其幼螨不取食。若螨以后的各期进行捕食活动。在正常发育情况下，性比为（4~5）：1。未发现滞育现象。

智利小植绥螨的优良特性是发育快，25℃下由卵发育到成螨仅需要4~6天，在成螨期的25天里可充分地进行捕食；繁殖力强，1头智利小植绥螨10天的总繁殖量可彻底捕食28头棉叶螨的总繁殖量；捕食量大，1头雌螨可捕食二斑叶螨150~200头；田间适应能力及抗逆性强，在许多引种的国家已定居，并已筛选培育出耐药性强的品系，因此具有极高的利用价值。在温室的黄瓜、番茄、辣椒、甜椒、茄子、菜豆、豇豆上可用于防治二斑叶螨、朱砂叶螨、神泽氏叶螨和皮氏叶螨等。

天敌公司生产的商品智利小植绥螨是包括卵、幼螨、若螨和成螨的混合虫态。通常在蔬菜作物上按益害比1∶（10~20）或10~12头/m²的数量均匀释放到植株上。

小知识

释放智利小植绥螨的关键技术

①控制释放时间。应在叶螨发生初期、害螨种群数量少时释放，这样防治效果快，控制时间长。

②控制释放温度。智利小植绥螨喜湿忌干，耐高温能力较弱（36℃以上会造成幼螨大量死亡）。因此，释放温室宜控制在25~28℃、湿度70%，不适用于干旱地区。

③注意释放方法。智利小植绥螨的水平扩散能力差，所以应采用每株释放的方法。

④忌用化学农药。智利小植绥螨的一般品系对化学农药非常敏感，因此释放使用应在化学农药用后至少3周以上，且释放后应避免使用化学农药。

⑤创造定居条件，以利发挥持效。由于智利小植绥螨无滞育现象，可在适宜条件下周年繁殖，或可季节性地从杂草迁到新栽作物上。因此应尽量为其创造定居条件，以利其持续发挥效应。

此外，我国已开发出捕食螨的慢速释放器，专用于释放害螨天敌，释放时间可维持15~30天，操作十分方便。

🔘 细说 食蚜瘿蚊

食蚜瘿蚊（*Aphidoletes aphidimyza*）属于双翅目瘿蚊科，是蚜虫的重要天敌（见图2—4）。其幼虫可捕食60余种蚜虫，能有效控制蚜虫数量。食蚜瘿蚊的大量人工饲养扩繁技术早已趋于成熟，在欧、美等发达国家已能商品化生产，并成为温室生产中普遍应用的生物防治手段之一。中国农业科学院生物防治研究所 1986 年曾从加拿大引进该天敌技术，并在 2000 年以前达到了规模化生产和应用的目标。目前，荷兰的 Koppert 公司等仍然随时有食蚜瘿蚊产品销售。

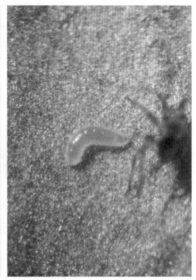

图 2—4　食蚜瘿蚊

（左：成虫；右：单头幼虫）
（图片由中国农业科学院植保所谢明研究员提供）

食蚜瘿蚊成虫是体型微小的蚊子，深褐色，密被长毛，体长 1.2~1.8 mm，雌性个体大于雄性。复眼黑色，雌性触角与体等长，雄性触角显著超过体长。卵为椭圆形，长 0.3 mm，宽 0.1 mm，橘红色，表面光滑。幼虫蛆为橙黄至淡红色，老熟幼虫体长 2~3 mm，宽 0.6~0.8 mm。蛹长约 2 mm，宽 0.5 mm，初为淡黄色，渐变为黄褐色，复眼和翅芽明显；茧灰褐色，扁圆形，直径约 2 mm，高 1.5 mm，茧皮较薄，易破。

天敌公司供给客户的商品食蚜瘿蚊是即将羽化的蚊蛹，一般于羽化前的 2~3 天收到。释放的方式是，把装蛹的容器置于温室内有蚜虫的植株下面，待瘿蚊羽化时，撕掉容器小孔上的胶带，让成虫飞出。食蚜瘿蚊搜寻蚜虫群落的能力很强，找到之后，瘿蚊便将卵产在蚜虫群落旁，2~20 粒散落成群，每头雌蚊平均产卵 40 余粒。幼虫孵化后即寻找若蚜，在蚜虫肚腹下将上颚刺入其体内，吐入消化液，10 min 内即可溶解蚜虫体内组织，然后吸食其体液，很快将蚜虫杀死。当蚜虫密度较大时，瘿蚊往往只吸食寄主少量体液，便转去刺吸其他个体。因此当蚜虫密度大时瘿蚊刺杀蚜虫的数量远多于蚜虫密度小需将其体液刺吸至干时杀死的蚜虫数量。每头瘿蚊幼虫一生可取食的蚜虫量是 40~60 头甘蓝蚜，或 28 头桃蚜若蚜，或 25 头蚕豆蚜，或 13 头豌豆蚜。当食物缺乏时，1 头食蚜瘿蚊幼虫只需 7 头桃蚜即可完成自身的发育和化蛹。在蚜虫缺乏时，瘿蚊也会取食粉虱蛹、叶螨卵，甚至自己同类的卵或小幼虫等。在 7—9 月气温下，幼虫的发育历期是 7~14 天，卵期 2~4 天，蛹期 10~20 天，完成一代需 20~40 天。幼虫老熟后落入土壤表层结茧化蛹，在温室中则可持续繁衍后代。

食蚜瘿蚊在我国主要用于防治温室和大棚黄瓜上的瓜蚜、辣椒、甜椒、番茄上的桃蚜，甘蓝、白菜上的桃蚜、甘蓝蚜、萝卜蚜及豌豆上的豌豆修尾蚜等，效果明显。一般按 1∶20 的益害比例，隔周一次，分 3 次释放，防治效果在 12 天后可达 90%

有趣的天敌昆虫

话题二

以上。

小知识

释放食蚜瘿蚊防治蚜虫的关键技术

要在蚜虫初发生期或种群密度较低（200头／株以下）时应用。因为瘿蚊释放后需经历产卵前期、卵期以及取食量很低的低龄幼虫期之后，才能大量捕食或刺杀蚜虫，起到控制作用，其见效需有一个过程，约为2周，所以不能把释放瘿蚊治蚜作为蚜虫大发生时的应急措施。若在高蚜量情况下释放瘿蚊治蚜，需要先使用对瘿蚊没有影响的高选择性杀蚜剂（如抗蚜威）将蚜虫种群数量压低，然后再释放瘿蚊。在用瘿蚊治蚜期间，应避免使用扑虱灵、杀菌剂等会对瘿蚊有影响的农药。

● 细说 草蛉

草蛉属脉翅目草蛉科，是一类草蛉科捕食性昆虫的统称。草蛉又名草蜻蛉（见图2—5），幼虫称为蚜狮（见图2—6）。草蛉在全世界已知有86属共1 350种，据调查中国有记载的就有15属近百种，分布在我国南北各地。草蛉分为两大类：一类是植食性，仅取食花蜜、花粉；另一类以捕食害虫为生，是重要的生物防治资源。我国用于生物防治的重要草蛉种类有大草蛉、中华草蛉、丽草蛉（小草蛉）、叶色草蛉、亚非草蛉等。

图 2—5　草蛉

（左：成虫；右：高悬于丝端的卵）

图 2—6　草蛉的幼虫（"蚜狮"）

　　草蛉体细长，长约 10 mm，绿色。复眼有金色闪光。翅阔，透明，极美丽。常飞翔于草木间，在树叶上或其他平滑的光洁表面产卵。草蛉卵为黄色，除少数种类外，大部分的卵有一条长长的丝柄，柄基部固定在植物的枝条、叶片、树皮等上面，而卵则高高地悬于丝柄的端部。

　　草蛉是全变态昆虫，一生中有卵、幼虫、蛹和成虫四种不同的形态。草蛉成虫和幼虫的捕食能力都很强，主要捕食蚜虫、介壳虫、红蜘蛛和多种害虫的卵，也捕食蛾类幼虫。

在卵期和蛹期的草蛉不能取食，其捕食主要是在幼虫和成虫时期，其中尤以幼虫期捕食量大，是消灭害虫的主要时期。草蛉幼虫为纺锤状，可在树叶间捕食蚜虫，故称"蚜狮"。蚜狮捕食害虫或虫卵时，主要的武器是生在头前方的上、下颚，每当它们发现目标后，就张开上、下颚，把目标紧紧地夹住。上、下颚上生有可以使消化液流到害虫体内的细沟，能将溶解害虫身体的消化液顺着颚上的细沟流到害虫体内，使害虫的身体组织被溶解，并被吸到蚜狮的肚子里。就这样，一头害虫最后只剩下了一张空壳。每头蚜狮一天可以吸食上百头蚜虫，而在整个幼虫期一头蚜狮消灭的蚜虫平均可在七八百头。

草蛉捕食的主要对象不仅是蚜虫（棉蚜、菜蚜、烟蚜、麦蚜、豆蚜、桃蚜、苹果蚜、红花蚜等），还包括粉虱、叶螨（红蜘蛛）以及多种鳞翅目害虫的卵和初孵幼虫等。农业上对天敌昆虫草蛉的应用研究可追溯到 20 世纪七八十年代。现在，草蛉的人工饲养和繁殖技术早已成熟。美国、加拿大、荷兰、俄罗斯等国早已实现了草蛉的商品化生产和大面积的应用，仅在北美生产草蛉的天敌公司就有 65 家以上，商品化供应的主要种类是普通草蛉、叶通草蛉、红通草蛉等。中国农业科学院生物防治研究所在 20 世纪末即掌握了利用人工饲料和人造卵大量饲养繁殖中华通草蛉的全套技术，但由于种种原因，国内的草蛉扩繁未形成大规模的商品化生产。

小知识

　　天敌公司一般供应的是草蛉的卵。用户可在温室内释放发育成熟的灰卵（投放后半天左右即孵化为幼虫）或初孵幼虫（事先将灰卵与锯末混装在瓶内，并加入适量蚜虫或米蛾卵供饲，待80%以上草蛉卵孵化为幼虫时可释放）。投放量按益害比1：（15～20），或每株3～5头草蛉幼虫，隔周一次，共释放2～4次。投放时间以早晨为宜，用毛笔将其均匀布放到植株上。应用的关键是掌握释放的时期，必须在作物上害虫（蚜、螨、粉虱）有一定数量时进行，如果虫太少或无虫，过早释放的草蛉因无食料而无法生存，但释放过迟，害虫基数过大，初孵的草蛉幼虫则难以控制。

● 细说 瓢虫

　　瓢虫是鞘翅目瓢虫科圆形突起的甲虫的通称，在全世界已知有5 000种。瓢虫个体小、体色鲜艳，一般长度为5~10 mm。其足短，常带有红、黑或黄色斑点。瓢虫的种类不同，其鞘翅的颜色和斑点数目均不同。瓢虫按其食性可分为捕食性、植食性和菌食性三大类，其中以捕食性种类为多，它们是蚜虫、蚧虫、粉虱等害虫的重要捕食性天敌。

　　瓢虫的生活周期约需4周，要经历卵、幼虫、蛹和成虫四个阶段，每年夏季可繁殖数代。瓢虫幼虫细长柔软，通常为灰色，具有蓝、绿、红或黑色的斑，以其他昆虫的虫卵为食。幼虫要经历4个龄期，然后附于某些物体上，在最后一龄幼虫所蜕的皮中化蛹。破蛹后变为成虫，继续捕食害虫。

七星瓢虫（*Coccinella septempunctata*）是天敌瓢虫中的著名代表（见图2—7）。它广泛分布于亚洲、非洲和欧洲。七星瓢虫体长约8 mm，翅膀为红色，背部有7个黑色圆点。在不同个体之间没有图样的差异存在。七星瓢虫以蚜虫和叶螨为捕食猎物，但当食物不足时幼虫间会有同类互食的情形发生。

图2—7　七星瓢虫

（左上：单个成虫；左下：幼虫；右：成虫群体。此图来源于壹图网）

与七星瓢虫类似的常见天敌品种还有异色瓢虫、六条瓢虫、大龟纹瓢虫、龟纹瓢虫、澳洲瓢虫等。

人类对瓢虫天敌的生物防治利用曾从引进定居、保护生境助其增殖和人工大量饲养繁殖三个方面开展过研究，但由于室内饲养困难，难以形成大规模商品化生产，当前的应用主要还是从引进和保护两方面入手。也有小批量的瓢虫室内扩繁产品投入使用。

小资料

世界上引入并已定居的天敌瓢虫已达 79 种，我国引入约 10 种，定居成功的有 2 种：澳洲瓢虫和孟氏隐唇瓢虫。近十多年来针对我国蔬菜和花卉上烟粉虱（主要是生物型 B），即银叶粉虱（*Bemisia argentifolii*）的大发生，大陆和中国台湾分别从美国引进了小黑粉虱瓢虫（*Delphastus catalinae*），经试验取得一定成功。对天敌瓢虫的扩繁与保护应用等研究仍在进行中。

● 细说 小花蝽

小花蝽属半翅目花蝽科，可捕食蚜虫、蓟马、叶螨、粉虱等害虫，是一类重要的捕食性天敌昆虫（见图 2—8）。小花蝽在世界广泛分布，已知有 80 余种，在中国已知有 11 种。中国大部分地区的小花蝽优势种群为东亚小花蝽、微小花蝽和南方小花蝽等。国外有 35 家以上的天敌公司生产小花蝽、商品化的种类有美洲小花蝽、暗色小花蝽、光滑小花蝽、微小花蝽等品种，多以成虫供应，主要用于防治温室蔬菜上的蓟马类害虫。中国农业科学院生物防治研究所已成功地研制出了我国小花蝽的优势种——东亚小花蝽（*Orius sauteri*）的大量繁殖方法，向客户提供的产品是带有小花蝽卵的黄豆芽，将此豆芽栽在温室土壤里，蝽卵的孵化率可达 80%~95%，成虫获得率在 50% 以上，可用于温室蔬菜上蓟马、粉虱、蚜虫等害虫的防治。

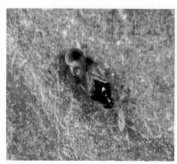 

图 2—8　小花蝽

（左：捕食蓟马的小花蝽；右：小花蝽的 4 龄幼虫）

说说 寄生在其他昆虫体内的天敌昆虫

● 寄生性天敌昆虫是重要的生物防治资源

　　寄生性天敌昆虫像许多日常生活中常见的寄生物一样，依靠附着在其他动物（寄主）的体内或体外，以摄取寄主的营养物质来维持生存。但寄生性天敌昆虫又与其他寄生物不太一样，它们通常只是在幼虫期附着在其他昆虫的体内或体外，摄取寄主的营养物质来维持生存，在成虫期则独立生活，且在摄取寄主营养物质的同时可将寄主杀死。所以，寄生性天敌同样是重要的生物防治资源。

自然界寄生性天敌昆虫种类非常多

寄生性天敌可对寄主的卵、幼虫、蛹、成虫等不同虫期施行寄生，并在某一虫期内完成发育，直至成虫后才咬破小孔爬出。这种现象称为"单期寄生"。天敌在害虫卵内寄生，完成发育的称为"卵寄生"；寄生于害虫幼虫体内，摄取寄主幼虫营养为生的为"幼虫寄生"，寄生于害虫蛹内的为"蛹寄生"，同理，寄生于害虫成虫体内的当然就是"成虫寄生"了。还有的天敌需要经过对寄主的 2 个或 3 个虫期的寄生才能完成发育，这种现象称为"跨期寄生"。

天敌昆虫对寄主的寄生还可以分为外寄生和内寄生。有的天敌昆虫产卵在寄主的体表，在产卵前往往先向寄主注射毒液，使其麻痹，不食不动，也不腐烂，任由天敌取食其营养，这种现象称为外寄生。天敌昆虫幼虫的生长发育时期必须在寄主体内完成的则称为内寄生。天敌昆虫对寄主的寄生现象还有很多分类方法，此处不再赘述。

自然界寄生性天敌昆虫的种类非常多，但目前能在农林业生产上规模化应用的还很有限。

细说 赤眼蜂

赤眼蜂（*Trichogramma* spp.）是膜翅目小蜂总科赤眼蜂科的天敌昆虫（见图 2—9），属于卵寄生蜂，主要寄生在鳞翅目害虫的卵中。赤眼蜂在我国是可以进行大量人工繁殖和释放应用的天敌昆虫。赤眼蜂成虫体型微小，长 0.5~1.5 mm，通体黄色（有的种类腹部几节呈暗色）；翅透明，前翅较大较圆，翅脉极短，后翅窄长，翅缘毛较长；复眼及 3 只单眼为红色，故名赤眼蜂。赤眼蜂成虫交配后，雌蜂寻找到寄主，将产卵管刺入害虫卵内，将卵产入其中。赤眼蜂卵极其微细，呈长棒状或香蕉形，长 50~100 μm，前端尖细（宽 7~10 μm），后端稍宽大（宽 20~39 μm）。

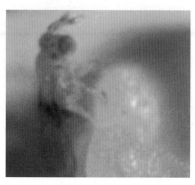

图 2—9 赤眼蜂

赤眼蜂卵在害虫卵中孵化为幼虫。幼虫呈乳白色囊状体，前端狭小，仅具口钩，后端膨大，取食期无肛门；幼虫体长 400~700 μm，宽 180~340 μm，发育完成后长出排泄孔，排出黑色丝状物，然后化蛹，蛹发育后期，复眼及单眼逐渐转为红色。成虫在寄主卵内羽化，将寄主卵壳咬成圆孔爬出，展翅后交配并飞散到田中搜索寄主，繁殖后代。

小知识

赤眼蜂可孤雌生殖，除少数种类（如食胚赤眼蜂、卷蛾赤眼蜂、疏毛赤眼蜂等）是产雌孤雌生殖之外，大部分种类为产雄孤雌生殖，不利于繁衍后代，所以在人工大量繁殖及应用释放中，需要保持一定雌雄性比例。成虫羽化后需补充营养，吸食蜜露或产卵管刺破寄主卵壳时溢出的卵液，有助于延长成虫寿命和增加产卵能力，提高寄生率。

赤眼蜂的寄主范围十分广泛，包括了鳞翅目、双翅目、鞘翅目、广翅目、膜翅目以及同翅目等7目44科203个属的昆虫卵，尤其喜欢寄生鳞翅目昆虫卵。在我国，赤眼蜂大量繁殖应用技术早已趋于成熟。因此，赤眼蜂已成为应用范围最广、面积最大、防治对象最多的一类天敌昆虫。

小资料

在我国北方，赤眼蜂主要用于玉米螟的大面积防治。寄生玉米螟的赤眼蜂种类包括玉米螟赤眼蜂、松毛虫赤眼蜂、螟黄赤眼蜂、铁岭赤眼蜂等。其中以玉米螟赤眼蜂和松毛虫赤眼蜂为主。而在我国南方，赤眼蜂则主要用于甘蔗螟虫的大面积防治。在蔬菜生产上，赤眼蜂的应用也非常普遍。

全世界已知的赤眼蜂种类有150种以上，其中有十多种已可进行商品化生产，并在农业上大量应用。

我国农业生产中常用的赤眼蜂主要有：

玉米螟赤眼蜂（*Trichogramma ostriniae* Pang et Chen） 主要分布在北京、吉林、辽宁、山东、山西、河北、河南、江苏、浙江、安徽、广东等地。寄主昆虫有玉米螟、棉铃虫、烟青虫、棉小造桥虫、小地老虎等。

螟黄赤眼蜂（*T. chilonis* Ishii，又名拟澳洲赤眼蜂 *T. confusum* Viggiani）分布在我国及亚洲其他地区，寄主范围十分广泛，并且易于用柞蚕卵、蓖麻蚕卵、米蛾卵、麦蛾卵等人工大量繁殖，技术成熟，商品化供应多，能用于棉铃虫、玉米螟、二化螟、二点螟，以及小菜蛾、菜粉蝶、斜纹夜蛾、甜菜夜蛾、粉纹夜蛾、甘蓝夜蛾、菜心野螟、番茄棉铃虫、辣椒烟青虫、瓜绢螟、豇豆荚螟等多种蔬菜害虫的防治。

广赤眼蜂（*T. evanescens* Westwood） 分布于古北区，能用麦蛾卵、米蛾卵等小蛾类卵人工大量繁殖，可用于棉铃虫、玉米螟、烟青虫、菜粉蝶、小菜蛾、甘蓝夜蛾、斜纹夜蛾、菜心野螟、辣椒小地老虎、黄地老虎等多种害虫的防治。

甘蓝夜蛾赤眼蜂（*T. brassicae* Bezdenko，异名 *T. maidis* Pintureau & Voegele） 原产欧洲，我国引进。可用麦蛾卵、米蛾卵、蓖麻蚕卵、柞蚕卵人工繁殖，用于防治菜粉蝶、甘蓝夜蛾、辣椒玉米螟、番茄麦蛾等，寄生率可达 70%~80%。

松毛虫赤眼蜂（*T. dendrolimi* Matsumura） 分布于我国、俄罗斯（西伯利亚）、日本、朝鲜。易于用柞蚕卵、蓖麻蚕卵大量繁殖，是我国生产量最大、应用最广泛的蜂种，成本低廉，蜂体强壮，环境适应性较强，飞行扩散较远，搜索力强，寄生率较高，并且蜂卡易于运输，便于储存、释放。可用于玉米螟、棉铃虫、红铃虫、烟青虫、棉小造桥虫、稻纵卷叶螟、稻苞虫、黏虫等的防治。在菜田可用于防治番茄棉铃虫、辣椒烟青虫、甜菜夜蛾、菜心野螟、豇豆荚螟、扁豆小灰蝶、豆天蛾、斜纹夜蛾、小地老虎、灯蛾、毒蛾、刺蛾等多种果树、蔬菜害虫的防治。

短管赤眼蜂（*T. pretiosum* Riley） 分布于美洲和澳洲，已被多国引进。经国内外试验证明是防治小菜蛾的优良蜂种，并可广泛用于防治菜粉蝶、甜菜夜蛾、粉纹夜蛾、番茄棉铃虫、辣椒烟青虫等多种蔬菜害虫，是国外许多天敌公司生产的主要蜂种。

食胚赤眼蜂 [*T. embryophagum* (Hartig)] 分布于欧洲。此种赤眼蜂的优点是产雌孤雌生殖，释放后寄生效能高，在适宜的环境下能有持续繁衍寄生的效果。能用米蛾卵、麦蛾卵大量繁殖，可用于防治菜粉蝶、甘蓝夜蛾、番茄棉铃虫、辣椒烟青虫等蔬菜害虫。

卷蛾赤眼蜂（*T. cacoeciae* Marchall） 分布于欧洲，是产雌孤雌生殖的蜂种，可用于防治甘蓝夜蛾等蔬菜害虫。

小知识

赤眼蜂的寄主范围较广，但每个种和品系仍有一个主要的寄主范围，且对范围内寄主的喜好程度也有不同，因此选用赤眼蜂时仍需注意选择蜂的种和品系，并掌握好放蜂时间和数量。赤眼蜂对农药十分敏感，因此，在放蜂区放蜂期间应严禁打药，以免直接伤害赤眼蜂，影响使用效果。

● 细说 丽蚜小蜂（*Encarsia formosa* Gahan）

丽蚜小蜂是温室白粉虱、烟粉虱等粉虱若虫和蛹的专性寄生蜂，属于膜翅目蚜小蜂科，是在温室中控制粉虱的优良天敌（见图2—10）。世界上约有70家天敌公司可以商品化生产供应丽蚜小蜂。

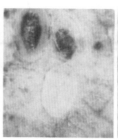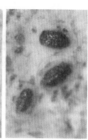

图 2—10　丽蚜小蜂

（左：成虫；中下：幼虫；右：蛹）
（图片由中国农业科学院植保所谢明研究员提出）

丽蚜小蜂的成虫体长 0.5~0.65 mm。雌蜂头、胸及腹柄节背板为暗褐或黑色，腹部及触角和足为黄色，前、后足基节基部为暗色。翅透明，翅脉简单。复眼为深褐色，具细毛，触角细长，8 节，略均，具纤细毛。雄蜂头部黄褐色，腹部黑色，明显区别于雌蜂。丽蚜小蜂卵呈乳白色半透明，长 136 μm，长卵圆形，一端较圆，一端较尖。幼虫虫体粗壮，弯曲，长 1.06 mm，宽 0.26 mm，乳白色半透明。预蛹长 0.66 mm，宽 0.28 mm，呈头胸宽而尾尖的体型，不弯曲，当长出足、翅等附肢后即进入蛹期。蛹发育至羽化前一天，头部为棕色，复眼和三个单眼为棕红色，胸部为黑色，雌性腹部为黄色，雄性腹部为黑色。

丽蚜小蜂是产雌孤雌生殖的寄生蜂。成虫羽化后需取食粉虱分泌的蜜露或若虫体液补充营养，可延长寿命。在适温（26.7℃）条件下，寿命可达 20 天以上。丽蚜小蜂的雌蜂喜好在 3~4 龄蚜虫若虫和预蛹上寄生，每雌可产卵 100 余粒，一般为单寄生。寄生约 8 天后粉虱若虫（或蛹）变为黑色，通称"黑蛹"，小蜂幼虫继续发育 10 天即可从"黑蛹"背面咬孔羽化出成虫。客户从天敌公司买到的商品丽蚜小蜂，就是尚未羽化出蜂的"黑蛹"，一般每张商品蜂卡上粘有1 000头"黑蛹"，可供30~50 m² 温室防治粉虱使用。

小知识

应用丽蚜小蜂防治粉虱成功的关键技术

首先，控制好温室的温度。丽蚜小蜂的发育适温较高，而温室白粉虱的适温较低。在较高温（27℃）条件下，丽蚜小蜂的发育速率比粉虱快一倍，而在较低温（18.3℃）条件下，粉虱的发育速率比丽蚜小蜂快9倍（丽蚜小蜂产卵的温度下限为12～15℃，温室白粉虱为6～12℃），因此，在温室内必须营造有利于丽蚜小蜂而不利于粉虱的温度环境，才能使丽蚜小蜂始终处于发育繁殖的优势，发挥长期抑制粉虱的作用。在欧、美一般为加温温室，这一点能做得到，因此应用效果好，而我国大部为不能加温的日光温室或塑料大棚，因此难以成功（为此，我国已从美国引进了耐低温的丽蚜小蜂品系，有望用于我国的日光温室）。

其次，丽蚜小蜂的应用应是在粉虱发生初期，虫量极少时释放一定数量的成蜂，可形成寄生蜂与粉虱种群之间一直维持低密度的平衡状态，而不能在粉虱严重发生的温室中把丽蚜小蜂当成速效的农药使用。因此，对采用丽蚜小蜂的温室，应事先使用对寄生蜂无害的农药（如扑虱灵、灭螨猛等）把粉虱基数压到0.5头/株以下。如果是在移栽前，选用"清洁温室"定植"无虫苗"，则更能为丽蚜小蜂的应用奠定成功的基础。

最后，不能把丽蚜小蜂作为防治粉虱的唯一手段，

而是作为粉虱综合治理的措施之一，要与其他无公害的防治手段相结合，如黄板诱杀、昆虫生长调节剂（如扑虱灵）、植物源农药（如印楝素）等，对粉虱也有较好的效果，可与丽蚜小蜂协调运用。

我国 1978 年从英国引进丽蚜小蜂，已研究出多种繁殖应用途径。中国农业科学院生物防治研究所曾在 1986—1988 年生产丽蚜小蜂 47 万头，应用面积达到 18.6 万 m^2，对粉虱的寄生率达 95% 以上，防效十分明显。

细说 白蛾周氏啮小蜂

白蛾周氏啮小蜂（*Chouioia cunea* Yang），属膜翅目，姬小蜂科（见图 2—11）。白蛾周氏啮小蜂是最先发现于美国白蛾蛹

图 2—11　白蛾周氏啮小蜂

的内寄生天敌昆虫，由中国昆虫学家、中国林业科学院杨忠岐研究员定名，用以纪念其老师、国际著名昆虫学家周尧先生（1911—2008）。

白蛾周氏啮小蜂为蛹寄生蜂，蜂身长仅 1 mm，无蜂针，不攻击人。周氏啮小蜂寄生率高、繁殖力强，对美国白蛾等鳞翅目害虫"情有独钟"，能将产卵器刺入害虫的蛹内产卵，幼虫在蛹内发育成长，吸尽寄生蛹中的全部营养，从而将白蛾杀死，享有"森林小卫士"的美誉。

美国白蛾是一种世界性的检疫害虫。其幼虫能危害所有的阔叶树、花卉、果树和蔬菜，一旦大规模暴发，迅速蔓延，即可危害成片的树林、果园和庄稼。这种害虫的原产地本在北美洲，但随着包装箱、木材等物品被带到了世界各地，形成灾害。由于美国白蛾是以蛹在树皮下或地面枯枝落叶处越冬，其幼虫则在孵化后吐丝结网，群集于网中取食叶片，叶片被食尽后，幼虫移至枝杈和嫩枝的另一部分再结织新网。因此美国白蛾的藏匿处所非常隐蔽，用普通药物喷施杀灭很难达到防治效果。白蛾周氏啮小蜂的发现和应用不仅环保，其主动搜寻藏匿于各种隐蔽场所寄主的特性为有效防治美国白蛾提供了重要保障。

中国林业科学研究院杨忠岐研究员、沈阳农业大学林学院王洪魁教授等科学家们通过十多年研究，发明了人工繁殖白蛾周氏啮小蜂的方法。王洪魁教授等利用柞蚕蛹繁殖白蛾周氏啮小蜂的方法获得了国家发明专利。杨忠岐研究员等人利用白蛾周氏啮小蜂生物防治美国白蛾也获得了国家发明专利。

小知识

人工繁殖释放的白蛾周氏啮小蜂是被培育在酷似"蚕蛹"的硬壳内，外部被一只比鸡蛋略小以特殊材料制成的壳所包裹（见图2—12）。培育期间，将其悬挂在树干距地面2 m处，当蜂体成熟时，它们会从"鸡蛋外壳"上的一个一分钱硬币大小的开口处破蛹而出。然后，白蛾周氏啮小蜂会依循本能寻找并侵入美国白蛾或者其他蛾类的蛹内，在蛹内定居并繁衍后代，从而达到消灭美国白蛾的目的。利用白蛾周氏啮小蜂防治美国白蛾的方法已在辽宁、山东、天津、陕西、河北、北京等多省市应用并取得了良好效果。

图2—12　应用白蛾周氏啮小蜂防治美洲白蛾

44

● 细说 防治椰心叶甲的寄生蜂

椰心叶甲是一种能寄生并危害所有棕榈科植物的重要害虫。椰心叶甲原发于印度尼西亚和巴布亚新几内亚，主要分布于太平洋岛区，中国台湾和香港特区也有。我国大陆 1994 年将其列为禁止入境的第二类植物检疫危险性害虫。椰心叶甲作为进入大陆的"外来入侵"害虫是 1999 年在广东发现的，后来陆续在深圳、海南发现，至 2006 年已在海南普遍发生，面积达 750 万亩，受害棕榈科植物达 930 万株。严重地影响了海南的椰子产量，带来巨大的经济损失。

科学家们面对挑战积极应对。经研究得知有几种寄生性天敌能够防治椰心叶甲。其中有两种寄生蜂，一种是椰扁甲啮小蜂，另一种是椰甲截脉姬小蜂。

椰扁甲啮小蜂（*Tetrastichus brontispae Fer.*）属于膜翅目小蜂总科姬小蜂科。原产于印度尼西亚，后被引种到太平洋群岛、东南亚和非洲等地。在大部分引进的国家和地区产生了良好的控制效果。椰扁甲啮小蜂为幼虫—蛹寄生蜂，主要寄生椰心叶甲的蛹，尤其是预蛹最适合椰扁甲啮小蜂生长。在每个寄主体内能产很多卵，孵化成幼虫就生活在寄主体内，经 8~20 天后发育成蛹，最后羽化成蜂，同时杀死害虫。即使被寄生的幼虫已死亡，寄生蜂依然会羽化。中国热带农业科学院的科学家们从中国台湾引进了椰扁甲啮小蜂，进行了深入研究并应用这种天敌进行了椰心叶甲的防治，取得了良好的防治效果。

椰甲截脉姬小蜂（*Asecodes hispinarum Bouček*）属于膜翅

目小蜂总科姬小蜂科，原产于巴布新几内亚和西萨摩亚，是椰心叶甲4龄幼虫的寄生蜂。与椰扁甲啮小蜂相似，椰甲截脉姬小蜂也是寄生后在害虫幼虫体内发育，直到成虫飞出，并致死害虫。椰甲截脉姬小蜂的发育历期较短（在28℃下，从产下卵到羽化出蜂只需15天），一年可发生多代。中国热带农业科学院于2004年从越南引进该蜂并在海南扩繁应用。

小知识

科学家在对两种寄生蜂进行的深入研究中发现，它们在寄生椰心叶甲的高龄幼虫或蛹的防治应用中具有互补性。研究还发现，两种天敌的寄生率都很高，繁殖力强。一头被寄生的幼虫平均产50头椰甲截脉姬小蜂，一头被寄生的蛹平均产20头椰扁甲啮小蜂。研究还显示，姬小蜂和啮小蜂均具有安全可靠性，释放后不会演变为有害生物。目前用寄生蜂等天敌防治椰心叶甲已取得显著成效。现在，这两种天敌已在海南省定殖了。海南省还建立了数个寄生蜂养殖工厂。

细说 中红侧沟茧蜂

中红侧沟茧蜂 [*Microplitis mediator*（Halidag）] 属于膜翅目茧蜂科，是棉铃虫、黄地老虎、小地老虎、银纹夜蛾等害虫的寄生性天敌（见图2—13）。

图 2—13　中红侧沟茧蜂

中红侧沟茧蜂成虫体长约 3 mm，体黑色，足赤黄色；触角丝状，18 节，深黑。茧纺锤形，一般长 4.5 mm，宽 1.5 mm，分为两种：一种为绿色，是发育茧；另一种为褐色，是滞育茧。滞育茧所羽化出的成蜂存活时间长，产卵量较大。

中红侧沟茧蜂在我国分布于湖北、河北、河南、四川、山西、陕西、江苏、新疆等地。

中红侧沟茧蜂在棉铃虫等害虫关键的 1 龄末 2 龄初寄生，在害虫的 3 龄期，寄生蜂幼虫钻出害虫体外结茧，致使害虫死亡，具有良好的控害效果。

棉铃虫等害虫被中红侧沟茧蜂寄生后，短时间表现呆滞，此后继续爬行取食，4~5 天后停食少动，体色变淡，体表干燥而无光泽，中部暗黑色，在强光下，可见寄生蜂幼虫已移动到寄主中部。6~7 天后寄生蜂幼虫移至寄主第四、第五对腹足之间，随后寄生蜂幼虫从腹侧气门线处钻出体外，并在附近结茧化蛹。成虫羽化时间多集中在上午 10 时以前。

　　河北省农林科学院植物保护研究所的李建成等人经过 20 余年的研究，在中红侧沟茧蜂的自然发生规律、寄主范围、滞育特性、人工饲养技术、田间应用效果等方面都取得了很大成就。他们成功地利用了滞育茧存活时间长的特性，研究出应用黏虫大量繁殖中红侧沟茧蜂的人工繁殖技术，确定了中红侧沟茧蜂田间释放技术，为中红侧沟茧蜂的利用打下了良好的基础。

　　河北省农林科学院植物保护研究所在河北博野县、河间市、新疆疏勒县等地利用中红侧沟茧蜂田间释放技术防治棉铃虫均取得了良好效果。其研究结果显示，在棉田棉铃虫一般发生年份，每亩应释放有效蜂 500~700 头。放蜂的方式比较简单，将待羽化的蜂茧装入牛皮纸袋，在棉铃虫卵孵化盛期悬挂于棉株上，用剪刀将纸袋剪一小口，让羽化后的成蜂自行爬出。通常每亩悬挂 3~5 个纸袋即可。如果棉铃虫发生很不整齐，可以以 7 天的间隔分两次释放。河北省农林科学院植物保护研究所在多地的释放实验效果显示，在棉铃虫一般发生年份，棉铃虫的被寄生率在 50%~70%，保蕾铃效果为 60%~80%，应用效果良好。

　　中红侧沟茧蜂的应用虽取得了良好效果，但专家认为，就目前的繁殖技术而言，要达到大规模的产业化生产尚存在难度，仍需进一步的深入研究与探索。

说说 天敌昆虫的保护利用方法

当仅凭农田原有天敌昆虫的种群数量不能达到对害虫的良好控制时，可以通过适时地向农田中添加释放天敌昆虫的同一种群或不同种群，与原有的天敌种群形成加强或互补的优势，以达到有效控制农业害虫的目的。这是多年实践证明很好的一种生物防治调控手段。

● 天敌昆虫的两种应用方式

事实上农业生产中对天敌昆虫的应用包括两种方式：一种是对某些天敌昆虫的人工饲养繁殖技术已经成熟，可以通过大规模商业化生产获得天敌昆虫产品，然后像施药一样释放到田间进行应用；另一种是由于某些天敌昆虫的人工饲养繁殖技术目前尚不成熟，无法达到大规模生产和释放应用；而更多的是通过加强对农田生态环境的保护措施，使生态环境尽可能达到有利于原有天敌昆虫种群繁殖生长的条件，恢复天敌昆虫种群数量对害虫的自然控制能力，从而达到生物防治调控的效果；对有些目前的技术只能达到小批量扩繁的天敌种类，则通过在局部地域的小范围内释放，再通过对农田生态环境的保护调控来实现其种群繁衍，最终达到示范应用的目的。当然，对于大

49

量释放天敌的农田也需要控制好生态环境，使其有利于天敌的生长繁殖，以期达到长时间的天敌与害虫间种群数量的自然调控。

● "斩尽杀绝" 其实是人为破坏了天敌昆虫的生存环境

以往人们对害虫的防治目标往往追求"斩尽杀绝"的效果，在农田恨不能完全见不到害虫才好。因此总是试图施用高浓度、大剂量的农药，以期把害虫彻底消灭。殊不知，在杀灭害虫时，也同时杀灭了天敌，更人为破坏了天敌昆虫的生存环境（捕食性天敌没有了食物，寄生性天敌没有了寄主）。然而害虫作为一个自然物种，是不可能轻易灭绝的。当害虫再次肆虐的时候，由于天敌的生长略滞后于害虫，因此无法将害虫的种群数量控制在暴发的初始阶段。越来越大剂量地使用农药只能导致生态环境恶化的恶性循环，直至威胁到人类的健康。因此，人们对防治害虫的理念必须有一个彻底的转变。在自然农田生态体系中，天敌与害虫及作物三者之间是一种相互制约的复杂的生态平衡关系，它们之间经过漫长年代的遗传适应形成的格局不应该被人为地轻易打破。现代生态学的理论和害虫综合治理的实践经验证明，在害虫治理中应将"消灭"变成"有限度地容忍"。"害"与"益"是相对而言，"害虫"之所以需要防治，是因为它们的种群数量造成了农业生产上的经济损失，如果它们的种群数量小到不足以影响农产品的产量与商品价值，就应当属于可容忍的范围。少量害虫的存在，还为天敌的存活和繁衍提供了必要条件，使捕食性天敌有了食物来源，使寄生性天敌有了寄生的场所和营养源，自然食物链的存在为保持天敌控制农田害虫的能力提供了先决条件，进而促进了农田的生态平衡。因此，将害虫的种群数量控制在经济阈值许可的范围内才是最新的病虫害防控理念。

小资料

我国的天敌昆虫资源非常丰富

据生物防治科学家多年来对我国华北、华中、华南等地天敌昆虫类群的调查，以及对藏、蒙、疆、云、贵、川等省区的天敌昆虫类群的不完全统计，我国水稻害虫天敌约1 303种（其中寄生性天敌419种、捕食性天敌820种、病原性天敌64种）、小麦害虫天敌218种、大豆害虫天敌240种、蔬菜害虫天敌360种（北京地区）、草原害虫天敌428种。这些天敌昆虫主要集中在膜翅目和鞘翅目，占天敌昆虫总数的70%以上。

即使在农田生态不断改变甚至不利于天敌昆虫生长繁衍的条件下，由于天敌昆虫物种的多样性、顽强的适生能力和追随害虫（寄主、猎物）的天性，在不同季节、不同生境的农田中，仍有不少天敌种类迁入及存活下来，发挥着一定的控制害虫作用。只要人们采取适当的保护措施，就能使天敌的种群数量增多，扩大其对害虫的自然抑制能力。因此，对农田原有天敌昆虫的保护显得十分重要。

● 对农田的天敌昆虫可以采取的保护措施

避免种植品种单一化，创造有利于天敌生存繁衍的生境

由于天敌与害虫的生长繁殖时间和世代往往不完全相同，而许多天敌具有除主要目标害虫以外的其他捕食对象（猎物）或寄主，临近空间内的多种不同的猎物或寄主可以在主要目标害虫种群数量偏低时作为替代品保证天敌的生长繁殖。因此，从保护天敌的角度，应在可行的种植地块（如菜田）尽量避免单一作物品种的大面积连片种植，提倡多品种、多茬口、小面积交错种植，并错开播种期、定植期、开花期，提倡间作套种。这种生物多样性的生境为天敌提供了广泛的猎物或寄主，不但有助于天敌的生存和繁殖，甚至在某些地块施药时，可使天敌在邻近地块的其他植物上躲避，避免受到伤害。

为天敌提供补充营养

许多天敌昆虫成虫需取食花蜜或蜜露作为补充营养，有助于生殖系统发育的成熟，提高成虫寿命、交配和产卵率、寄生率、捕食率等。因此在田边地头适当增种蜜源植物，或适当留种开花作物，均可为天敌提供补充营养，进一步吸引天敌，增加天敌对害虫的抑制能力。

谨慎施药，避免对天敌的伤害

在农业生产中经常会用到杀虫剂等农药，尤其是当害虫暴发时，由于天敌昆虫生长的相对滞后性，无论是捕食性天敌还是寄生性天敌，都需要在捕食或寄生的初期有个自身生长和种群繁衍的过程，因此天敌昆虫的保护和添加释放应用是要讲究释放时机的。一旦害虫种群数量急剧暴发，只用天敌昆虫防治，在短时间内是不易奏效的，仍需紧急施用适当的杀虫剂。

小知识

　　为了避免杀虫剂对天敌的副作用，在选择杀虫剂的种类和施用剂量时应谨慎。需注意以下几点：

　　● 尽量选用对目标害虫具有杀伤专一性强的药剂，如抗蚜威（只杀蚜虫，而对其他昆虫无害）；或选择一些生物制剂，如昆虫病毒、昆虫病原真菌、昆虫病原细菌等；一些昆虫生长调节剂，如除虫脲、扑虱灵、灭蝇胺、虫酰肼等；一些特异性植物源药剂，如印楝素、川楝素等。应避免使用广谱性、触杀性、熏蒸性杀虫剂，尽量减少药物对天敌昆虫的伤害。

　　● 选用对天敌无直接杀伤作用的新剂型（如胃毒剂、颗粒剂、种衣剂等），或采用局部施药（使天敌可暂时有地方趋避）等对天敌相对伤害小的施药方法。这样既能达到及时防治害虫的目的，又可能避免杀伤天敌，还可减少用药剂量，节省工时劳力，降低化学药物对农业环境的污染，保护农业生态平衡。

　　（本章图片除特别注明外，摘自中国农业科学院植保所张礼生副研究员资料）

话题三

奇妙的微生物世界

● 肉眼看不见的微生物

在人类生活的空间里，有一类个体非常小（通常都小于 0.1 mm），用肉眼根本看不见，需要借助于显微镜，把它放大几十倍甚至几百倍后才能看到的生物，通常称为微生物。微生物与人们的生活密切相关，在食品、医药卫生、工农业生产、身体健康、环境环保等各个方面，它的身影无处不在。虽然人们看不到它的个体，但它的群体形象却在日常生活中经常可见。比如餐桌上的蘑菇，比如过期食品上的绿霉或变质肉食上的水滴状的黏稠斑块等。当然，微生物对人们的生产、生活来说有"好的"也有"坏的"，也就是人们常说的有益菌和有害菌。人们

55

在生产、生活中应该利用有益微生物，控制有害微生物，降低有害微生物给人类及相关的动植物带来的危害，提高人们的生活质量。

● 微生物有哪些种类

微生物大体上分为三大类：原核微生物、真核微生物和非细胞微生物。

原核微生物

原核微生物的细胞里没有细胞器，其细胞质与细胞核之间没有明显的核膜相隔，并且不进行有丝分裂，而多以二分裂方式进行繁殖。通俗的理解即是"一个分为两个，两个分为四个"的分裂方式。原核微生物通常形状细短，结构简单，主要包括细菌、蓝细菌、放线菌、支原体、衣原体、立克次氏体等。

真核微生物

真核微生物区别于原核微生物的最显著特点是有发育完好的细胞核，核内有核仁和染色质，细胞核与细胞质之间由核膜相隔，两者间有明显的界线。在真核微生物的细胞质中具有高度分化的细胞器，如线粒体、内质网、溶酶体、叶绿体等，能进行有丝分裂。真核微生物包括除蓝藻以外的藻类、酵母菌、霉菌、大型真菌（如食用菌）、原生动物等。

非细胞微生物

非细胞微生物是结构最简单和最小的微生物，它没有典型的细胞结构，只由核酸和蛋白质等少数几种成分组成。由于自身没有产生能量的酶系统，因此它的生存必须依赖于宿主活细胞。这种微生物有的由 DNA 或 RNA 构成核心，外披蛋白质衣壳，有的甚至仅有一种核酸不含蛋白质，或仅含蛋白质而没有核酸。非细胞微生物包括病毒、亚病毒、朊粒等。

微生物具有五大共同特点：体积小，面积大；吸收多，转化快；生长旺，繁殖快；适应强，易变异；分布广，种类多。

说说 微生物在人类生活中扮演的角色

● 微生物是人类的好帮手

人类与微生物的依存关系有着悠久的历史。微生物给人带来的疾病危害是众所周知的，但人类利用微生物服务于生活和健康的事例也俯拾皆是。在古代，中国人利用微生物酿酒、制作腐乳和酱菜等技术一直延续至今；从微生物代谢产物中提取抗生素用来抑菌治病在现代社会生活中更是屡见不鲜。近几十年来，经过科学家和行业人士的不断努力，已开发出了多种能杀虫抗病的微生物农药产品。这些产品来自天然，通过以菌杀虫、以菌防病治病等方式完成对农业病虫害的治理。这些微生物农药对人、畜和非靶标生物无毒无害，对环境安全，在绿色食品或无公害蔬菜的生产中经常使用，在环境污染严重的今天，为人们的健康生活提供了重要保障。

奇妙的微生物世界

话题三

57

● 微生物农药的种类和作用

微生物农药按杀虫或抑菌防病的目的不同而分为杀虫微生物农药和抑菌防病微生物农药两大类。在每一大类中又因微生物自身种类的不同而分为真菌类、细菌类、病毒类或其他类别。微生物农药的发展历史要比化学农药短得多，当前农业生产上可用的微生物农药品种也远比不上化学农药多，但仍有许多产品在杀虫和防病上发挥着重要作用。

说说 常用的杀虫微生物农药

杀虫微生物农药包括细菌杀虫剂、真菌杀虫剂、昆虫病毒杀虫剂及昆虫病原线虫、昆虫微孢子虫等多种杀虫剂产品。

● 细菌杀虫剂的代表——Bt

在细菌杀虫剂中，目前在国内外产量最大、应用最广的当属苏云金杆菌（*Bacillus thuringiensis*，简称 Bt）制剂。据权威人士介绍，目前国内生产 Bt 产品的厂家有 133 家，生产的 Bt 相关产品达到 193 种（其中包含 6 种母药），广泛用于农业上多种害虫的防治。

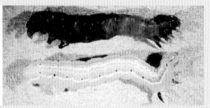
杀虫剂对害虫的杀灭通常有几种不同的方式。例如，胃毒式是指杀虫剂经虫口进入其消化系统而起毒杀作用；触杀式是指杀虫剂与害虫表皮或附器接触后渗入虫体，或腐蚀虫体蜡质层，或堵塞气门而杀死害虫；内吸式是指杀虫剂被植物种子、根、茎、叶吸收并输导至全株，在害虫取食植物组织或吸吮植物汁液时进入虫体，起到毒杀作用。

Bt 是一种胃毒性杀虫剂。当害虫吞食了芽孢和伴孢晶体之后，在害虫肠内的碱性环境中，伴孢晶体溶解，释放出对害虫幼虫有较强作用的毒素。这种毒素可使害虫幼虫的中肠麻痹，食欲减退，厌食、呕吐、腹泻，行动迟缓，身体萎缩卷曲。此时，害虫虽未死亡，但已不能危害植株了。经过一段时间的发病，害虫肠壁破损，毒素进入血液，引起败血症，同时芽孢在害虫消化道内迅速繁殖，最终导致害虫死亡（见图3—1）。害虫从食入毒素到发病再到死亡大概需要48 h。比起某些化学农药来，Bt 的作用速度似乎慢了一点，但由于 Bt 对毒杀对象选择性强，只对少数几种害虫有毒杀作用，对其他天敌昆虫、植物、家畜、家禽、人，甚至对土壤中其他微生物的活动都没有任何影响，不污染环境，因此是一种安全、可靠、环境友好型的优良杀虫剂。

苏云金杆菌杀虫剂主要用于鳞翅目等多种害虫的防治，包括棉铃虫、烟青虫、银纹夜蛾、斜纹夜蛾、甜菜夜蛾、小地老虎、稻纵卷叶螟、玉米螟、小菜蛾、茶毛虫、松毛虫等（见图3—2）。

图3—2　在黑龙江、吉林等地应用 Bt 防治玉米黏虫，防效达 75% 以上

（图片摘自湖北省农科院杨自文研究员资料）

小资料

我国苏云金杆菌制剂的研制始于20世纪60年代，经过几代科技人员的不懈努力，在菌株选育、发酵生产工艺、产品剂型和应用技术等方面均有突破，发酵水平达6000国际单位/μL，达到国际先进水平。目前我国Bt产品的剂型以液剂、乳剂为主，还有可湿性粉剂、悬浮剂等，科研人员还在努力向干悬浮剂和纳米制剂上发展。

苏云金杆菌制剂有许多商业名称，如Bt、青虫菌、杀螟杆菌、敌宝等。

小知识

Bt 的使用方法

1. 用细菌农药 Bt 防治菜青虫、小菜蛾、甜菜夜蛾等

防治菜青虫可在卵孵盛期开始喷药，每667 m² 用Bt 可湿性粉剂 25~30 g 或 Bt 乳剂 100~150 mL，7 天后再喷 1 次，防治效果 95% 以上。防治小菜蛾可在幼虫 3 龄前，每 667 m² 用可湿性粉剂 40~50 g，或乳剂 200~250 mL，每 5~7 天喷 1 次，连续喷 2~3 次，防治效果 90% 以上。防治甜菜夜蛾可在卵期及低龄幼虫期，早晚喷药防治，每 667 m² 用可湿性粉剂 50~60 g，或乳剂 250~300 mL，

防治效果 80% 以上。

2. 用 Bt 与病毒复配的复合生物农药"成敌"防治菜青虫、小菜蛾

用量每 50 g/667 m²，防治效果 80% 以上。十字花科蔬菜苗期防治 1 次，定植后每隔 3~4 天喷药 1 次，连续防治 3 次，以后每隔 7 天喷 1 次，蔬菜全生长期共需防治 8 次。

Bt 制剂使用中的注意事项

● 由于微生物农药专一性较强，因此普通的 Bt 制剂主要用于鳞翅目害虫的防治，对其他目的害虫如同翅目的蚜虫、粉虱，鞘翅目的跳甲，蜱螨目的叶螨、跗线螨等，应选用专用于鞘翅目、双翅目的 Bt 制剂（国外已有产品），或选用其他有针对性的农药或治理措施。

● 由于 Bt 从感染害虫到致死需要一定时间，因此，施药时间应比使用化学农药提前 2~3 天，在害虫虫口密度较小时，特别是在卵孵化盛期及低龄幼虫期使用，可得到良好效果。

● 不同的 Bt 专用型产品适用于不同的害虫，例如 Bt 需在昆虫中肠的碱性环境下发挥作用，而夜蛾科害虫（甜菜夜蛾、斜纹夜蛾、甘蓝夜蛾、棉铃虫、烟青虫等）中肠碱性程度不够，在使用一般 Bt 制剂时往往效果不佳，若选用专用于夜蛾科的 Bt 制剂（如美国雅培公司生产的 Bt 产品"先力"），可达到良好的防治效果。

● Bt 是微生物制剂，气温高时效果更好，因此应控制使用温度在 20℃以上，且应避免强光和紫外线的照射损伤。最好在阴天、雾天或晴天的傍晚施用。

● Bt 对蚕有毒，不能在养蚕区使用。

● Bt 不能与杀菌剂混用。

● 为防止害虫对 Bt 产生抗药性，不要长时间地单一使用 Bt 药剂，应结合其他综合治理措施共同防治害虫。

◉ 细说 真菌杀虫剂

在真菌杀虫剂中，绿僵菌、白僵菌、蜡蚧轮枝菌等制剂都是应用较为普遍的微生物农药。

白僵菌

白僵菌是发展历史最早、应用最广的真菌微生物农药。常见的白僵菌有三类：球孢白僵菌、小球孢白僵菌和布氏白僵菌。目前，白僵菌微生物农药中登记生产和应用的是球孢白僵菌。

球孢白僵菌（*Beauveria bassiana*）属半知菌亚门，丝孢纲，丛梗孢目，链孢霉科，白僵菌属。白僵菌的分布范围很广，从海拔几米至 2 000 多米的高山均有发现。白僵菌的寄主范围也极广，已知有 15 目 149 科 700 余种昆虫及 6 科 10 余种螨和蜱成为白僵菌的侵染对象。国际上应用白僵菌防治多种农林业害虫，如蛴螬、家蝇、介壳虫、白粉虱、蚜虫、蓟马、马铃薯叶甲、蜚蠊、蝗虫、蚱蜢、蟋蟀、棉铃象、棉跳盲蝽、玉米螟、天牛、甘蔗金龟子等。在我国主要用于松毛虫、玉米螟、蛴螬、蝗虫、马铃薯甲虫、松褐天牛、白蚁、茶小绿叶蝉、桃小食心虫等的

63

防治。现今又发展出可用于温室蚜虫和粉虱防治的球孢白僵菌制剂。我国对白僵菌制剂的大面积应用主要在林木松毛虫，北方大田玉米螟，森林、苗圃、草坪和花生地的蛴螬（金龟子幼虫）等的防治。近年来，在应用白僵菌防治温室烟粉虱方面也取得了显著成效。至今为止，白僵菌在国际上已有近20种产品注册登记，我国登记的白僵菌产品有7种（包含3种母药），生产企业3家。

白僵菌对昆虫的杀灭作用是通过侵染昆虫，形成僵虫而完成的。白僵菌接触害虫后，分生孢子落在昆虫的表皮、气孔或消化道上，遇到适宜的温、湿度条件（24~28℃，相对湿度90%，土壤含水量5%以上）就开始萌发，生出芽管。同时产生脂肪酶、蛋白酶、几丁质酶等，溶解昆虫的表皮，由芽管入侵虫体，在虫体内生长繁殖，消耗寄主体内养分，形成大量菌丝和孢子，以后菌丝穿出体表，产生白粉状的分生孢子，布满虫体全身，从而使害虫呈白色僵死状，称为白僵虫（见图3—3）。白僵菌可在害虫群体间传播感染，因而有延续效应。白僵菌制剂对人、畜无毒，对作物安全，对环境无残留、无污染，是安全的真菌杀虫剂。

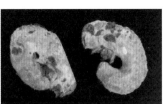

图 3—3　害虫

左：金龟子幼虫——蛴螬；右上：感染了白僵菌的蛴螬僵虫；
右中：玉米螟幼虫；右下：感染了白僵菌的玉米螟幼虫僵虫。
（图片由中国农科院植保所农向群研究员提供）

小知识

白僵菌制剂使用的注意事项

●白僵菌对家蚕有毒害，因此不适宜在养蚕区使用。

　　●白僵菌的萌发需要适宜的温、湿度条件，使用时需满足适宜条件。但在产品储存中应避免适宜条件出现，以免孢子提前萌发而到使用时失去侵染能力。

●白僵菌从侵染害虫到致死需要时间，应在使用中注意提前量。

●白僵菌可导致人体的过敏性反应，接触过多时，有人会产生皮肤刺痒甚至低烧等过敏反应，施用时应注意对皮肤的防护。

绿僵菌

绿僵菌（*Metarhizium anisopliae*）属半知菌亚门，核菌纲，球壳菌目，绿僵菌属，是一种广谱的昆虫病原真菌（见图3—4）。

图3—4

左：绿僵菌的菌落形态；右：绿僵菌菌种

绿僵菌能寄生8个目，30个科，200多种害虫，也能寄生螨类，可诱发昆虫发生绿僵病。尤其对鞘翅目害虫有显著的杀灭效果。绿僵菌通过害虫的体表或通过取食进入害虫体内，并在害虫体内不断增殖，以消耗营养、机械穿透、产生毒素等方式发挥毒性，使害虫致死（见图3—5）。绿僵菌侵染能在害虫种群中不断传播，造成流行病。

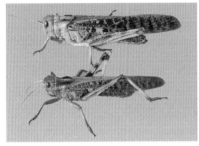

图 3—5

左：感染（下）与未感染绿僵菌的蝗虫对照；右：感染绿僵菌后的蝗虫僵虫
（图 3—4、图 3—5 由中国农业科学院植物保护研究所王广君副研究员提供）

小资料

　　我国对绿僵菌的开发应用比发达国家起步晚，但经过以中国农业科学院植物保护研究所、重庆大学等单位为首的研究人员和业内人士的多年努力，已在菌株选育、生产工艺、制剂剂型和防治对象等多项研发中取得了长足的进步。目前，绿僵菌制剂已有7种产品（含3种母药）完成了微生物农药登记，已有4家企业进行绿僵菌的商品生产。已在防治金龟子幼虫、蝗虫、象甲、椿象、金针虫、蚜虫，甚至鳞翅目幼虫等方面取得了良好效果。在农田、草原等大面积应用中显示出巨大的威力（见图 3—6）。

　　中国农科院植保所张泽华博士带领的团队与内蒙古锡林郭勒盟政府及植保人员密切合作，在应用绿僵菌制剂防治草原蝗虫方面作出了突出成绩。

奇妙的微生物世界

话题三

67

图3—6　飞机和拖拉机在内蒙古草原喷洒绿僵菌农药防治草原蝗虫

　　绿僵菌制剂在防治桉树白蚁方面成绩突出，能使95%以上的桉树逃脱白蚁的摧残。用于林木防护，可保证苗木成活率在95%以上。绿僵菌制剂还对生活害虫如蟑螂、红蚂蚁等有良好防治效果。

　　绿僵菌具有对人、畜无毒无害，无残留，不污染环境，害虫抗药性低等优点。

　　蜡蚧轮枝菌

　　蜡蚧轮枝菌（*Verticillium lecanii*）属半知菌亚门，丝孢纲，丝孢目，轮枝菌属，广泛分布于热带、亚热带和温带。

　　蜡蚧轮枝菌寄主广泛，能寄生蚜虫、温室白粉虱、飞虱和蓟马等多种害虫，主要用于温室白粉虱和蚜虫的防治。蜡蚧轮枝菌是通过其活体制剂中有传染活力的分生孢子在害虫种群中寄生与繁殖，以菌的活性代谢产物对害虫的毒杀作用致使靶标生物发病死亡（见图3—7）。蜡蚧轮枝菌是触杀型杀虫剂，对温室白粉虱等触杀效果明显，田间防效可达85%以上。蜡蚧轮

68

枝菌也能寄生锈病菌、白粉病菌等。

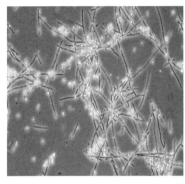

图 3—7

左：显微镜下的蜡蚧轮枝菌形态；右：蚜虫与感染了蜡蚧轮枝菌的僵虫

（图片由中国农业科学院植物保护研究所谢明研究员提供）

持续的高温（至少持续 12 h）和高空气湿度（相对湿度达 85%~95%）是蜡蚧轮枝菌对害虫侵染和传播的重要保证。有资料显示，蜡蚧轮枝菌可在温室中侵染蚜虫、白粉虱和烟粉虱的若虫和成虫，造成流行病，能够明显降低粉虱和蚜虫的种群数量。蜡蚧轮枝菌在害虫中可以通过土壤、雨水或染病害虫等进行传播和再侵染。

蜡蚧轮枝菌制剂可分为粉虱专用型和蚜虫专用型，已普遍用于温室蔬菜生产。目前，英国、荷兰（Koppert 公司）、俄罗斯等国均有蜡蚧轮枝菌活体制剂的商品出售。我国对蜡蚧轮枝菌及其制剂也进行了大量相关研究，已有部分小规模的生产应用，但尚未形成大规模商品化生产。

奇妙的微生物世界

话题三

69

蜡蚧轮枝菌对人、畜无毒无害，对环境安全、无污染，防效相对稳定，是有开发、应用前景的无公害生物农药。

🌀 细说 病毒杀虫剂

病毒是自然界中一类结构最简单的微生物，一般由蛋白质外壳包裹着核酸构成。病毒的核酸仅为单一的 DNA 或 RNA 类型，迄今为止还未发现 DNA 与 RNA 兼有者。病毒没有细胞构造，不能进行独立的代谢活动，也缺乏自身的核糖体，必须依赖寄主来合成蛋白质。同时，病毒所含的核酸能在寄主细胞内进行复制，因此，病毒只有在活的寄主细胞内才能复制增殖。病毒具有侵染力，能将其核酸从一种寄主细胞转移到另一种寄主细胞。病毒一般呈球形或杆状，也有呈卵圆形、丝状、砖形或蝌蚪状的。

用于防治害虫的昆虫病毒是指以昆虫为寄主并使昆虫致病的病毒。昆虫病毒在结构形态上比较特殊，其特点在于它们大都能在寄主细胞内形成蛋白质结晶性质的包涵体，这些包涵体与植物病毒不同。这一特点是其他动物病毒和植物病毒所没有的。

小知识

昆虫病毒的分类是以昆虫病毒有无包涵体、包涵体的形态以及生成部位来区分的，大致分为 5 类：（1）核型多角体病毒，指多角体于细胞核内形成；（2）质型多角体病毒，指多角体于细胞质内出现；（3）颗粒体病毒，指包涵体呈椭圆形颗粒状，存在于细胞核或细胞质内；（4）昆虫痘病毒，指包涵体呈椭圆形或纺锤形，存在于细胞质内，但纺锤形包涵体是不包埋病毒粒子的；（5）非包涵体病毒，不形成包涵体，病毒粒子游离地存在于细胞核或细胞质内。

昆虫病毒与其他病原微生物一样，在调节昆虫的种群数量方面起着重要的作用。在田间经常会发生病毒病的自然暴发与流行。人类通过对昆虫病毒体的理化性质、入侵机理、增殖过程、发病机理及流行病学等多方面的研究，已利用昆虫病毒资源开发出了几种昆虫病毒杀虫剂，用于防治农林害虫。目前生产中应用的昆虫病毒杀虫剂主要是核型多角体病毒和颗粒体病毒两大类。

病毒杀虫剂不但效果好，而且对昆虫的感染具有很强的寄主专一性，因此对人、畜、天敌和环境都安全。

小资料

目前我国登记的昆虫病毒杀虫剂已有45种产品（含12种母药），27家企业参与生产，广泛用于棉铃虫、松毛虫、菜青虫、甜菜夜蛾、小菜蛾、斜纹夜蛾、苜蓿银纹夜蛾、茶尺蠖等多种农林害虫的防治。还有2种防治蟑螂的病毒产品登记注册。

核型多角体病毒

核型多角体病毒（简称 NPV）属于杆状病毒科，为双股环状 DNA 病毒。形成于细胞核内的核型多角体病毒，有多个病毒粒子被无规则地包埋在呈多角体的包涵体中。常见的包涵体形状有三角形、四角形、五角形、六角形、圆形和不规则形（见图 3—8）。

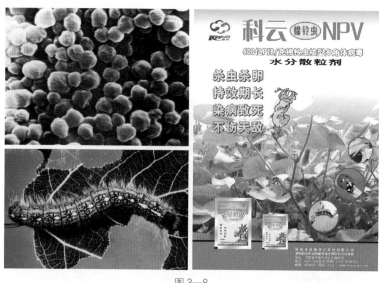

图 3—8

左上：电子显微镜下的核型多角体病毒（NPV）；左下：感染了 NPV 的棉铃虫；
右：NPV 产品
（图片摘自中国农业科学院植物保护研究所张礼生副研究员资料）

核型多角体病毒感染幼虫后，初期外部病症不明显，后期行动迟缓、食欲减少，体色变化，4 天后开始死亡，5～7 天为死亡高峰。

小资料

　　农林业生产中常用的核型多角体病毒制剂如下：

　　①棉铃虫核型多角体病毒，是我国研制最早的病毒杀虫剂。经科学家与行业人员的多年研究，每克原药中的病毒含量可高达5 000亿个病毒粒子，成为目前国际上已知含量最高的病毒杀虫剂产品。其中有效成分含量为600亿病毒体/g的棉铃虫NPV水分散粒剂，只需每亩棉田2 g就能有效控制害虫。在新疆大面积棉田的使用防效达到80%。棉铃虫核型多角体病毒还可用于防治番茄棉铃虫或辣椒上的烟青虫，常见的使用剂量为：10亿病毒体/g可湿性粉剂，1 200～1 500 g制剂/hm²；20亿病毒体/mL悬浮剂，750～900 mL/hm²。

　　②斜纹夜蛾核型多角体病毒，用于防治十字花科蔬菜上的斜纹夜蛾。产品剂型为10亿病毒体/g可湿性粉剂，使用剂量为600~750 g制剂/hm²。

　　③苜蓿银纹夜蛾核型多角体病毒，用于防治甜菜夜蛾、斜纹夜蛾、烟青虫等。产品为10亿病毒体/mL悬浮剂，使用剂量为1 500～2 250 mL制剂/hm²。

　　④甜菜夜蛾核型多角体病毒，是甜菜夜蛾核型多角体病毒与苏云金杆菌的复配剂：1万病毒体/mg甜核毒+1.6万国际单位/mg苏云金杆菌的可湿性粉剂，用于防治十字花科蔬菜上的甜菜夜蛾。使用剂量为1 125～1 500 g制剂/hm²。

　　⑤茶尺蠖核型多角体病毒，用于防治我国南方茶叶主产区茶树上的主要害虫茶尺蠖。剂型有茶尺蠖核型多角体病毒水剂、茶尺蠖核型多角体病毒与苏云金杆菌的复配剂等。

颗粒体病毒（简称 GV）

颗粒体病毒与核型多角体病毒同属于杆状病毒科。与核型多角体病毒相似，颗粒体病毒也具有包涵体和病毒粒子，包涵体呈卵形或椭圆形，病毒粒子呈杆状（见图 3—9）。

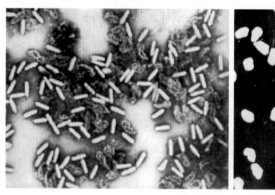

图 3—9　昆虫病毒的显微照片

（左：颗粒体病毒；右：质型多角体病毒）

颗粒体病毒感染寄主细胞后，幼虫病症与感染 NVP 相似，有食欲减少、行动迟缓、腹部肿胀等症状，但寄主体色的变化因被感染害虫的种类而异。

小资料

常见的颗粒体病毒制剂有：

①小菜蛾颗粒体病毒，用于防治十字花科蔬菜上的小菜蛾。产品剂型为 40 亿病毒体/

mL 可湿性粉剂，使用剂量为 2 250~3 000 g 制剂 /hm²。

②菜青虫颗粒体病毒，登记的产品是菜粉蝶幼虫菜青虫颗粒体病毒与苏云金杆菌的复配制剂，规格为 1 万病毒体 /mg 菜青虫颗粒体病毒 +1.6 万国际单位 /mg 苏云金杆菌的可湿性粉剂。用于防治甘蓝上的菜青虫，使用剂量为 750~1 125 g 制剂 /hm²。

质型多角体病毒（简称 CPV）

质型多角体病毒属于呼肠孤病毒科。多角体一般为四边形、六边形等，病毒粒子为球状正二十面体，具有蛋白质包涵体（见图 3—9）。病毒在寄主细胞质内增殖，为分段双链 RNA。我国已登记 4 种松毛虫质型多角体病毒制剂（含 2 种母药），在山东、广东、云南等地防治林业害虫松毛虫方面均取得了显著效果。还有科学家利用赤眼蜂的特有行为特点和昆虫病毒的靶标专一性，结合昆虫病毒流行病学规律，将经过高新技术处理的强毒力病毒制剂携带到赤眼蜂身体上，再通过卵寄生蜂将病毒传递到害虫卵表面，使害虫的初孵幼虫患病死亡，从而达到控制害虫的目的。这种新技术被称为"生物导弹"。这项技术既能有效地控制害虫大发生，又可以保护天敌，对人、畜无害，对环境安全。

● 细说 其他生物杀虫剂

昆虫病原线虫

昆虫病原线虫是重要的新型生物杀虫剂，也是生物农药大家族中的重要成员之一（见图3—10），广泛用于农林卫生等领域的害虫防治。用作生物农药制剂的昆虫病原线虫种类主要有斯氏线虫和异小杆线虫。它们对很多重要的鳞翅目、鞘翅目和双翅目害虫都有很强的防治效果。

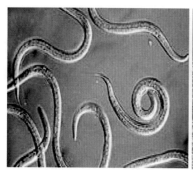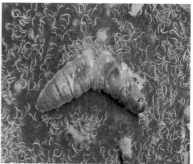

图3—10　昆虫病原线虫

（左：线虫个体；右：大蜡螟体内释放的线虫）

昆虫病原线虫有携带共生菌的特点。各种昆虫病原线虫体内都带有相应的共生细菌，因此昆虫病原线虫对害虫的杀灭作用是虫和菌的双重作用。具有侵染能力的昆虫病原线虫三龄期幼虫（又称侵染期幼虫）能够主动搜寻寄主害虫的幼虫，并通过害虫体表开口或节间膜进入其体内，再侵入其血腔，并释放自身肠道内的共生菌。随后共生菌在害虫血腔内繁殖，分泌毒素破坏害虫的生理机能，使害虫患败血症死亡。共生菌分泌的酶能分解消化寄主身体组织，为昆虫病原线虫的生长与繁殖发育提供营养，使昆虫病原线虫在寄主昆虫体内完成自身的生殖繁衍。后者再以耐受性较强、能够在自然环境中生存的三龄期幼虫形式进入土壤，并可在土壤中存活数月以搜索新的合适寄主。在整个过程中昆虫病原线虫与其携带的共生菌协同作用，导致寄主死亡。

小资料

中国农业科学院生物防治研究所研制的昆虫病原线虫制剂在防治园林蛀干害虫（如木蠹蛾、天牛等）方面取得了显著的成效。由于蛀干害虫危害场所隐蔽，用常规的防治方法难以达到理想的防治效果。而昆虫病原线虫能借助水膜运动主动搜寻寄主昆虫，通过向树干中注入昆虫病原线虫制剂的方法，可达到理想的效果（见图3—11）。

昆虫病原线虫制剂具有主动搜寻并攻击多种重要害虫，高致病性，对人、畜、环境安全，易于大规模饲养，免于登记等诸多优点，是很有应用前景的生物杀虫剂之一。

昆虫微孢子虫

昆虫微孢子虫属于原生动物亚界，微孢子虫门，微孢子虫纲，微孢子虫目，是专性细胞内寄生的单细胞原生动物，是一

77

图 3—11　用昆虫病原线虫制剂防治蛀干害虫（木蠹蛾）

（图 3—10、图 3—11 图片由中国农业科学院植物保护研究所杨怀文研究员提供）

类重要的昆虫病原生物。昆虫微孢子虫最早是 1857 年从家蚕体内发现的，至今已有 150 多年历史，迄今已发现的微孢子虫有 1 000 多种，其中 600 多种以昆虫作为典型寄主。昆虫微孢子虫可侵染 400 种以上的昆虫。目前国际上研究应用较多的有蝗虫微孢子虫、玉米螟微孢子虫等。我国发现的微孢子虫有斜纹夜蛾微孢子虫、甜菜夜蛾微孢子虫、棉铃虫微孢子虫、龙眼卷叶蛾微孢子虫、熊蜂微孢子虫等。在我国应用昆虫微孢子虫防治蝗虫取得了显著的成果。

说说 能防病治病的微生物农药

在具有抑菌作用的拮抗微生物中包含了众多对植物病原菌有拮抗作用的微生物，诸如酵母菌、细菌、真菌以及放线菌。其中放线菌对植物病原菌的抑制主要是其次生代谢产物——抗生素的作用，将在以后的篇幅中讨论，而目前生产上应用较多的微生物农药是以真菌和细菌的活菌制剂为主要产品的。

● 细说 防治农业病害的真菌制剂

木霉菌

木霉菌（*Trichoderma spp.*）属半知菌亚门，丝孢纲，丛梗孢目，丛梗孢科，木霉属，在自然界分布广泛，存在于不同环境条件下的土壤中。据研究人员证实，木霉菌至少对 18 个属 29 种植物病原真菌具有拮抗作用，能够寄生包括丝核菌属、小核菌属、核盘菌属、长糯孢属、镰孢属、毛盘菌属、轮枝孢属、内座壳属、腐霉属、疫霉属、间座壳属和黑星孢属等共 12 个属的植物病原真菌。因而木霉菌制剂可广泛用于植物根腐病、灰霉病、立枯病、腐霉病、猝倒病、枯萎病、黄萎病、纹枯病等多种土传真菌性病害和部分细菌性病害的防治。

鉴于木霉菌良好的抗真菌活性，科研人员对木霉菌的抗病原理进行了深入的研究。研究结果表明木霉菌对植物病原菌的抑制包括 5 个方面的作用。其一是重寄生作用。科学家通过电子显微镜和光学显微镜观察到木霉菌的菌丝能够识别并趋向病原菌菌体，对其接触缠绕，再通过分泌各种细胞降解酶及次生代谢物质溶解病原菌细胞的细胞壁，并将自身菌丝从溶解位点侵入病原菌菌丝内，在病原菌菌丝内生长。被寄生的病原菌则出现生长障碍。其二是拮抗作用，也就是抗菌作用。木霉菌产生的次生代谢产物中有许多小分子的非挥发性抗生素、大分子的抗菌蛋白，或是能使病原真菌细胞壁降解的酶类，这些物质可抑制病原菌的生长、繁殖和对植物的侵染。其三是对营养和空间位点的竞争作用。木霉菌的生长和繁殖速度非常快，可以快速夺取环境中的水分和养分，占有生长空间、消耗氧气，致使同一生境中的病原物无法正常生长。其四是对植物的诱导抗性。木霉菌不但可以自身直接抑制病原菌的生长和繁殖，还可以诱导植物产生防御反应，增强植物自我防御系统从而获得抗病性。其五是促生作用。木霉菌不仅能抑制病原菌的生长，而且能促进植物种子的萌发和其根部生长，增加苗的长度以及植株的活力。木霉菌的多重抗病机理保证了其良好的生物防治效果和广谱的抗菌性。加之木霉菌对人、畜无毒无害，对环境无残留、无污染，因而受到业界的广泛关注。

小知识

所谓"重寄生"来源于昆虫学名词，是指寄生昆虫又被另一种昆虫寄生的现象。广义来说是指两种寄生物同时寄生在一个寄主体内，其中第一种寄生物寄生于寄主体内，第二种寄生物又寄生在第一种寄生物上。这样，第一种寄生物称为原寄生物，第二种寄生物称为重寄生物，此现象即称为重寄生现象。在此，病原菌寄生在植物体内，而木霉菌又寄生在病原菌体内，即为重寄生作用。

可用于生物防治的木霉菌主要有哈茨木霉、绿色木霉、康氏木霉、木素木霉、钩状木霉、长枝木霉、多孢木霉及绿黏帚霉等。而在农业生产上应用较多的木霉菌制剂主要是哈茨木霉和绿色木霉（见图 3—12）。

小资料

目前国内外已经有木霉商品化制剂 50 多种，其中以哈茨木霉制剂应用最普遍。哈茨木霉产品的突出代表是美国康奈尔大学研究开发并获国际专利的哈茨木霉 T-22，由美国拜沃股份有限公司生产，在全球销售。哈茨木霉 T-22 是由两个各有不同特点的木霉菌株 T-12 和 T-95 通过最先进的细胞融合技术开发而成的新菌株，集合了原有菌株的优点，具有更好的抑菌特性。哈茨木霉 T-22 在美国使用近 20 年，防治效果显著且安全、环保，在我国有机食品种植中准用，国内有公司代理其产品。

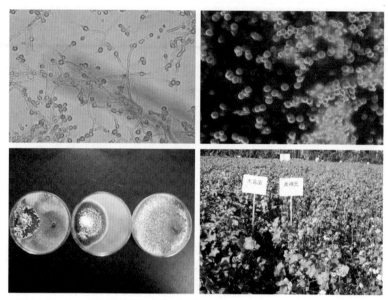

图3—12 上：木霉菌发酵产生的厚垣孢子；下左：木霉菌对黄萎病菌的拮抗；
下右：木霉菌防治棉花黄萎病

（图片由中国农业科学院植物保护研究所蒋细良研究员提供）

　　国外不仅在木霉菌发酵过程控制方面具有先进的经验和设备，并且对木霉菌所产生的具有生物防治活性的代谢产物的种类、化学结构及作用机理等方面也进行了较为详细的研究，不断对木霉菌生物防治制剂进行新的改进。

　　国内在木霉菌的开发应用上与国外相比还处于起步阶段。即便如此，我国科学家和行业人员经过多年的努力已研制出了部分木霉制剂产品。目前国内正式登记的木霉菌制剂产品有4种，生产企业3家。产品包括哈茨木霉、绿色木霉等。虽然品种较少，但木霉菌制剂在市场上的销售额却增长迅速，截至目前，木霉菌生物防治制剂已占据了国内真菌杀菌剂将近一半的市场份额。

国内研制的剂型主要为粉剂和可湿性粉剂。在哈茨木霉产品中也有针对叶部病害研制的叶面喷施专用型。绿色木霉还可添加在肥料或腐熟剂中使用。

上海交通大学农业与生物学院陈捷教授的团队和中国农科院植物保护研究所蒋细良研究员的团队在研究、应用木霉菌防治玉米、棉花、蔬菜等多种作物的多种土传病害方面取得了可喜的成绩。

黏帚霉

黏帚霉（*Gliocladium spp.*）属半知菌亚门，丝孢纲，丛梗孢目，丛梗孢科，黏帚霉属，是一类广泛存在于土壤中的植物病原真菌的重寄生菌（见图3—13），可寄生多种植物病原真菌（如核盘菌属、腐霉菌、立枯丝核菌、齐整小核菌等）的菌丝和菌核，具有较好的生物防治潜力。

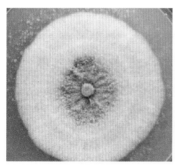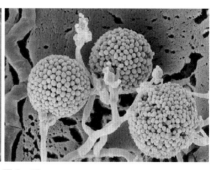

图3—13

左：粉红黏帚霉的菌落形态；右：电子显微镜下的粉红黏帚霉

黏帚霉菌最早是于 20 世纪 90 年代在巴塔哥尼亚的雨林中被偶然发现的。这种真菌略带红色，生活在植物细胞之间，以纤维素为食，能释放特殊的挥发物。这种挥发物的成分与柴油相似，后被证明是一种气体抗生素，能杀死其他真菌。随后的研究表明，黏帚霉菌株可产生不同类别的多种生物活性物质。其代谢产物中的抑菌活性成分主要包括二酮哌嗪类、萜类、聚酮类、肽类等。这些化合物在抑制病原细菌、真菌等方面表现出良好的活性。因此，黏帚霉可作为一类重要的自然资源，用于多种植物病害的生物防治。

科学家的研究证明，黏帚霉对植物病原真菌的抑菌机理是多方面的，包括抗菌、溶解、竞争和重寄生等多重作用。这与木霉菌的作用有些类似。黏帚霉可用于农作物纹枯病、菌核病、灰霉病、立枯病、根腐病等多种植物真菌病害的防治。

小资料

目前被研究开发用作生物防治制剂的黏帚霉种类主要有链孢黏帚霉、绿黏帚霉和粉红黏帚霉。国外已有部分黏帚霉生物防治制剂的产品出售，例如链孢黏帚霉（商品名 Primastop）、绿黏帚霉（商品名 SiilGard）等。我国也开展了部分黏帚霉的应用研究，但目前尚未能形成国家农药登记产品。

黏帚霉属中的粉红黏帚霉（*Gliocladium roseum Bainier*）对

作物纹枯病、菌核病、灰霉病、立枯病、根腐病等多种植物病原真菌具有较强的抑制作用。

小资料

　　中国农业科学院植物保护研究所对粉红黏帚霉的应用开展了十多年的研究，并取得了一定成效。在完成了一系列基础研究的基础上，试制了粉红黏帚霉孢子可湿性粉剂和土壤用颗粒剂。其温室和田间试验表明，该菌剂对大豆菌核病的防效达75%；对小麦纹枯病的防效达到或优于化学农药"戊唑醇"和"适乐时"的防效，同时可显著提高小麦的产量；用于蔬菜大棚处理，可有效降低多种真菌病害的发生，提高蔬菜的品质和产量。中国疾病预防控制中心职业卫生与中毒控制研究所对该菌剂产品的安全性测定结果表明，粉红黏帚霉制剂对人和动物安全无害，无环境污染，是良好的生物农药（见图3—14）。

图 3—14

左上：粉红黏帚霉制剂试用产品；右上与下：专家在做田间调查，指导农民施药
（图 3—13、图 3—14 由中国农业科学院植物保护研究所孙漫红副研究员提供）

淡紫拟青霉

淡紫拟青霉 [*Paecilomyces lilacinus* (Thom.) Samson] 属半知菌亚门，丝孢纲，丝孢菌目，丝孢菌科，拟青霉属，广泛分布于世界各地（见图 3—15）。迄今报道的近 50 个种均为昆虫病

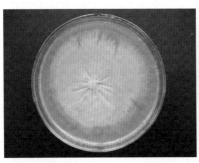
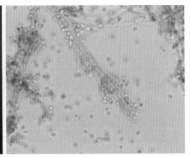

图 3—15

左：淡紫拟青霉的菌落形态；右：显微镜下的淡紫拟青霉菌丝和液生孢子
（图片由中国农业科学院植物保护研究所孙漫红副研究员提供）

原菌和线虫病原菌。该菌具有功效高、寄主广、易培养等优点，尤其在控制植物病原线虫方面功效卓著。

淡紫拟青霉是南方根结线虫与白色胞囊线虫卵的有效寄生菌，对南方根结线虫的卵寄生率高达 60%~70%。对胞囊线虫、根结线虫、金色线虫、异皮线虫等多种线虫都有显著防治效果，是防治根结线虫最有前途的生物防治制剂。

淡紫拟青霉能产生多种功能酶，其中丰富的几丁质酶有降解几丁质（线虫卵壳的主要成分）的作用，可提高拟青霉菌对线虫的寄生率。该菌对根结线虫的抑制机理是，当其与线虫卵囊接触后，在黏性基质中，生物防治菌菌丝包围整个卵，菌丝末端变粗，菌产生的代谢物和几丁质酶使卵壳表层破裂，随后真菌侵入卵内并取而代之。同时，菌分泌的毒素也对线虫起到毒杀作用。此外，淡紫拟青霉的代谢产物中有类似吲哚乙酸的物质，能显著促进植物种子的萌发、根系的生长及植株的生长，因此，低浓度该菌制剂的应用不仅能明显抑制线虫的侵染，同时还有促进植物生长的作用。

淡紫拟青霉对大豆、番茄、烟草、黄瓜、西瓜、茄子、姜等作物的根结线虫或胞囊线虫有显著防治作用。

另有研究表明，淡紫拟青霉除了对多种根结线虫和胞囊线虫有良好防效外，还对多种害虫（如半翅目的荔枝椿象、稻黑蝽，叶蝉、褐飞虱，等翅目的白蚁，鞘翅目的甘薯象鼻虫以及鳞翅目的茶蚕、灯蛾等）有寄生作用；对多种病原真菌（如玉米小斑病菌、小麦赤霉病菌、黄瓜炭疽病菌、棉花枯萎病菌和水稻恶苗病菌等）有一定拮抗效能。

对该菌制剂的安全性评价结果表明，其对人、畜无毒无害，对环境安全无污染。

细说 防治农业病害的细菌制剂

用于农业上的细菌制剂很多，有的能防治植物的病虫害，例如前面提到的能杀虫的苏云金杆菌（Bt），能防治多种植物病害的芽孢杆菌、荧光假单胞菌等；有的能消化土壤或水环境中磷、钾等化学成分，起到降解农药中某些成分，减少农药残留的作用，如一些解磷、解钾的细菌制剂；有的在抑菌的基础上还能促进动物胃肠道的消化和吸收，可作为动物的饲料添加剂，如地衣芽孢杆菌等。

抗病细菌制剂的代表——芽孢杆菌

　　芽孢杆菌（*Bacillus* spp.）是杆菌科细菌的一个属。这类菌的特点是能在菌体内形成芽孢，这个芽孢是菌的"休眠体"，对热、干燥、辐射、化学消毒剂等外界因素的影响有较强的耐受力。这一特点决定了芽孢杆菌制剂的货架期相对长和不易受施用环境干扰，能较好地保持防效的优良性能。这也是近些年来其作为生物农药受到重视的原因之一。

　　芽孢杆菌有很多种，应用比较广泛的有枯草芽孢杆菌、地衣芽孢杆菌、蜡质芽孢杆菌、多黏芽孢杆菌、解淀粉芽孢杆菌等。在防治农业植物病害方面，蜡质芽孢杆菌多用于防治姜瘟病、茄子青枯病、辣椒青枯病等细菌性病害；多黏芽孢杆菌也可用于防治番茄、辣椒、茄子的青枯病等；地衣芽孢杆菌用于防治黄瓜霜霉病和烟草黑胫病、赤星病等。枯草芽孢杆菌的应用最

奇妙的微生物世界

话题三

89

为广泛，可用于防治由镰刀菌、丝核菌、链孢霉菌引起的病害。

枯草芽孢杆菌（*Bacillus subtilis*）是一种嗜温、好氧、产芽孢的杆状细菌（见图3—16）。其生理特征多样，分布广泛，极易分离培养。该菌在自然界中广泛存在，对人、畜无毒无害，不污染环境，能产生多种抗菌素和酶，具有广谱抗菌活性和极强的抗逆能力。枯草芽孢杆菌不仅可以在土壤、植物根际体表等外界环境中广泛存在，而且是植物体内常见的内生细菌，尤其是在植物的根、茎部。目前该菌已经在水稻、大豆、棉花、小麦、辣椒、番茄、玉米等农作物上显示出很好的病害防治效果。

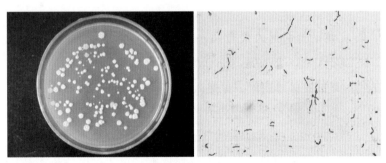

图 3—16

左：枯草芽孢杆菌菌落形态；右：枯草芽孢杆菌体形态
（图片由中国农业科学院植物保护研究所郭荣君副研究员提供）

小知识

枯草芽孢杆菌的抗病作用机理表现在下列5个方面：①该类菌能成功地定殖在植物

根际、体表或体内，与病原菌竞争植物周围的同一生长空间和营养；②能分泌多种不同的抗菌物质，包括伊枯草菌素、生物表面活性素等低分子的脂肽类或环肽类抗生素，也包括一些酶类、抗菌蛋白或多肽等蛋白类抗菌物质，这些抗菌物质都能抑制病原菌的生长；③具有溶菌作用，该类菌可吸附在病原真菌的菌丝上，并随着菌丝生长而生长，同时产生溶菌物质，使病原菌菌丝发生断裂、解体、细胞质消解等溶菌现象；④能诱导和激活植物自身的防御系统以抵御病原菌的入侵，从而达到防治病害的目的；⑤具有促进植物生长的作用，因而枯草芽孢杆菌还与其他一些同样具有促生作用的细菌同被称为"促进植物生长根际细菌"。

枯草芽孢杆菌制剂主要用于防治由丝状真菌引起的植物病害，如水稻纹枯病、小麦纹枯病、番茄叶霉病、豆类根腐病、苹果霉心病、棉花立枯病、棉花枯萎病等。枯草芽孢杆菌有多种应用方式，如蘸根、灌根、添加到育苗基质和有机肥料中。其可与其他生物农药复配，如与井岗霉素复配。制剂的剂型多样，有悬浮剂、水剂、粉剂、可湿性粉剂和细粒剂等。

小资料

国外枯草芽孢杆菌制剂产品进入市场较早，自20世纪90年代后期已有多种活菌制剂产品投放市场。例如美国 Agraquest 公司开发出的枯草芽孢杆菌活菌杀菌剂 Serenade TM 和 Souata AS 当时已在美国登记使用，叶面喷施可防治蔬菜、樱桃、葡萄、葫芦和胡桃的白粉病、霜霉病、疫病、灰霉病等细菌和真菌病害。由美国 Gustafson 公司和 Microbio Ltd 公司分别开发的 GBO3（商品名 Kodiak）和 MBI 600（商品名 Subtilex），根部施用或拌种可防治由镰刀菌、丝核菌等多种植物病原真菌引起的豆类、麦类、棉花和花生根部病害。2001 年以后，又出现了将具有不同功能的枯草芽孢杆菌菌株混合使用，使抗病、促生等多重效果更加显著。如 Taensa 公司生产的枯草芽孢杆菌混合制剂（商品名 Taegro TM），施用于温室或室内栽培树苗、灌木和装饰植物根部，可防治由镰刀菌和丝核菌引起的根腐病和枯萎病。俄罗斯全俄植物保护研究所开发的不同类型的枯草芽孢杆菌可湿性粉剂（活菌或活菌与代谢产物合用）可用于防治不同的植物真菌或细菌病害，田间防效和增产效果显著。韩国 Bio 公司将枯草芽孢杆菌与链霉菌抗生素、植物抗真菌多糖混合制成生物杀菌剂 Mildewcide，叶面喷施可防治蔬菜和葡萄的霜霉病、白粉病，也可防治花卉、水果和水稻的真菌病害。

在我国，也有许多成功的枯草芽孢杆菌制剂商品投放市场，如"百抗""麦丰宁""纹曲宁""依天得""根腐消"等（见图 3—17、图 3—18）。由云南农业大学和中国农业大学共同研制的微生物农药"百抗"（10 亿 /g 枯草芽孢杆菌可湿性粉剂）获得农业部登记注册，已在多个省推广使用，推广面积约达 4 667 hm^2，主要用于防治水稻纹枯病、三七根腐病、烟草黑胫病等。南京农业大学研发的"麦丰宁"是由枯草芽孢杆菌制成的活体生物杀菌剂，该菌能产生抑制小麦纹枯病菌菌丝生长、菌

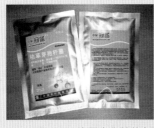

图 3—17　中国农业科学院研发的芽孢杆菌制剂试用产品

（图片由中国农业科学院植物保护研究所郭荣君副研究员提供）

图 3—18　国内部分芽孢杆菌制剂产品

奇妙的微生物世界

话题三

93

核形成和菌核萌发的抗菌物质，从而达到抗病目的。该制剂对小麦纹枯病的田间防效达50%～80%。江苏苏科农化有限公司生产的"纹曲宁"是由100亿活芽孢／mL枯草芽孢杆菌水剂与2.5%井冈霉素复配的混合制剂，主要用于防治水稻纹枯病和稻曲病。"根腐消"为枯草芽孢杆菌和荧光假单胞菌复配的可湿性粉剂，由昆明沃霖生物工程公司登记注册，以灌根处理的方式防治三七根腐病。武汉天惠生物工程有限公司完成登记并投产的枯草芽孢杆菌BS-208可湿性粉剂能在植物表面迅速形成一层保护膜，其分泌的抑菌物质可抑制病菌孢子发芽和菌丝生长，使农作物免受病原菌危害，主要用于防治灰霉病和白粉病两种病害。江苏省农业科学院获得了防治水稻纹枯病防效达50.0%～81.0%的枯草芽孢杆菌B-916菌株，现已在江苏等地得到广泛推广。黑龙江省科学院应用微生物研究所研发的枯草芽孢杆菌水剂主要用于防治瓜类及保护地蔬菜的枯萎病、立枯病和豆类根腐病，已在黑龙江等地进行推广应用。中国农业科学院植物保护研究所研发的用于防治各类蔬菜、果树、瓜类、大田作物和经济作物的菌核病、灰霉病、疫病、纹枯病、枯萎病、根腐病、立枯病和其他各类真菌和细菌性叶斑病的"中保TM10亿CFU/g芽孢杆菌可湿性粉剂"也在试验应用推广阶段。

　　安全性评价证明，枯草芽孢杆菌制剂有对人、畜相对安全，环境兼容性好，不易产生抗药性等优点，因而更符合现代社会对农业生产及有害生物综合防治的要求。

来源于植物的生物农药

说说 什么是植物源农药

　　植物源农药，顾名思义，来源于植物，具体说是源于植物体内的某些物质成分，比如木脂素类、黄酮、生物碱、萜烯类。植物在长期的生长繁衍过程中强化了自身对病虫的防御功能以及对环境演变的适应能力，使自身得以生存。人们发现许多植物的次生代谢产物能够对害虫有拒食、毒杀、麻醉的作用，有的甚至可以抑制害虫的生长发育或干扰其正常的生活行为。有些代谢产物对多种病原菌或杂草有抑制作用。人们将这些来自于植物的天然物质提取出来，制成植物源农药，用于农林业生产中对病虫害的防控。

　　植物源农药源于天然，且剂型多以水剂、颗粒等为主，因此在加工与生产的过程中无须耗费过多的能源，完全符合低碳经济发展的要求。同时，植物源农药是自然界本身存在的物质，主要由 C、H、O 元素组成，在环境中易于分解，对环境无残毒无污染，是安全环保的生物农药。

说说 植物源农药的种类

我国的植物种类丰富，植物源农药来自于各种植物的各个部位（根、茎、叶或全株），来自其具有杀虫防病功能的活性成分。

● 古人也用植物驱虫

事实上，我国民间用植物驱虫有着悠久的历史。例如民间广泛流传的燃熏艾蒿驱蚊虫，居民在门前窗下摆放夜来香以驱蚊，（云贵等地）民众佩戴装有特殊气味植物的香囊以留香驱虫，农家在庭院门楣上悬挂除虫菊植物的茎叶来驱蚊蝇和飞虫等，其实都是利用植物中可挥发的活性成分来驱虫的。有理由相信这些就是植物源农药的前身。只不过当时的古人是应用原材料本身，而现代人则是利用现代科学技术将这些植物中能杀虫抑菌的有效活性成分提炼浓缩出来，既提高了杀虫抑菌效果，又让使用来得更方便罢了。

● 现代人对植物源农药的开发

近 20 年来，利用植物提取物来防治农业病虫害的方法越来越受到重视。因而对植物源农药的应用研究也迅速升温。植物源农药的开发首先取决于可做农药应用的植物资源是否丰富，科学家的调查给出了答案。有多位专家学者曾对陕西、甘肃、青海、新疆、宁夏、江苏、广东、广西、湖北、福建、四川、贵州等地区的 2 000 多种野生植物或中草药进行了农药活性的筛选，发现很多科属的多种植物都具有良好的杀虫活性，其中许多具有很好的开发应用前景，证明了植物源农药的开发有资源保障。

小资料

我国植物源农药的开发推广应用近年来成为热门之一。可用的植物源农药产品种类繁多，目前已知正在研究或应用的有几十种，包括印楝素、鱼藤酮、苦参碱、除虫菊素、烟碱、蛇床子素、异羊角扭苷、乙蒜素、蓖麻油酸、八角茴香油、小檗碱、辣椒碱、苦豆子总碱、苦皮藤素、闹羊花素－Ⅲ、茴蒿素、川楝素、百部碱、芸苔素内酯、木烟碱、氧化苦参碱、补骨内酯、黄岑苷、莨菪碱、马钱子碱、香芹酚、吲哚乙酸类、腐殖酸等。

说说 应用较多的植物源农药产品

我国植物源农药的登记生产数量近年来呈明显上升趋势。截至 2011 年，我国已登记的植物源农药产品为 123 种，生产企业有 90 多家。产品多种多样，包括印楝素、鱼藤酮、苦参碱、除虫菊素、蛇床子素、苦皮藤素、川楝素等。

97

目前，在我国商品化的植物源杀虫剂中，产量较大的有鱼藤酮乳油，苦参碱粉剂、可溶性粉剂及水剂，印楝素乳油，除虫菊素水乳剂等。植物源农药中的许多种产品被列为我国无公害农业生产的指定农药品种。大部分植物源杀虫剂是防治蔬菜、茶叶、果树、中草药等害虫的理想用药，还有部分杀虫剂在防治森林害虫、卫生害虫、储粮害虫和草原害虫中也发挥了重要作用。

● 细说 印楝素

印楝素是从印楝树的种子、树叶及树皮中分离提取出来的植物源杀虫剂，其成分活性很强，属于四环三萜类（见图 4—1、图 4—2）。印楝素可以分为印楝素 -A、印楝素 -B、印楝素 -C、印楝素 -D、印楝素 -E、印楝素 -F、印楝素 -G、印楝素 -I 共 8

图 4—1　印楝素的药源植物

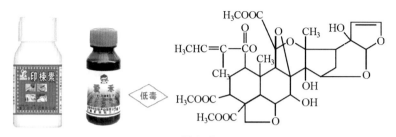

图 4—2

左：印棟素产品；右：印棟素的化学结构

种不同成分。印棟素 -A 就是通常所指的印棟素，属低毒杀虫剂，安全性试验证明对人、畜无毒无害，对环境无残留和污染。

印棟素具有使目标昆虫拒食、忌避、内吸以及抑制昆虫生长发育的作用，被国际公认为最重要的昆虫拒食剂。其可直接或间接通过破坏目标昆虫口器的化学感受器产生拒食作用，造成昆虫营养不足，从而影响昆虫的生命力。高剂量的印棟素可以直接杀死昆虫，低剂量则抑制昆虫生长或蜕变，致使其出现永久性幼虫，或畸形的蛹、成虫等。

印棟素可防治 10 个目 400 余种农林、仓储、卫生害虫，特别是对鳞翅目、鞘翅目等害虫有特效。使用印棟素杀虫剂可有效地防治棉铃虫、舞毒蛾、日本金龟甲、烟芽夜蛾、谷实夜蛾、斜纹夜蛾、小菜蛾、潜叶蝇、草地贪夜蛾、沙漠蝗、非洲飞蝗、玉米螟、稻褐飞虱、蓟马、钻心虫、果蝇、黏虫等害虫。可广泛用于粮食、棉花、林木、花卉、瓜果、蔬菜、烟草、茶叶、咖啡等作物，害虫不易对其产生抗药性。

● 细说 苦参碱

苦参碱是由豆科槐属落叶灌木苦参（见图4—3）的根、茎和果实经严格的工艺提取得到的一种水溶性生物碱，外观为褐色液体。一般为苦参总碱，其主要成分有苦参碱、氧化苦参碱、槐果碱、氧化槐果碱、槐定碱等。其中，苦参碱和氧化苦参碱的含量最高。

图4—3　苦参碱的药源植物

苦参碱为广谱性植物源杀虫剂，对害虫具有胃毒和触杀作用（见图4—4）。主要作用于昆虫的神经系统，可引起中枢神经麻痹，进而抑制昆虫的呼吸作用，使害虫窒息死亡。可有效防治鳞翅目、半翅目、鞘翅目、蜱螨目等害虫，如蚜类、螨类、菜青虫、小菜蛾、桃小食心虫、稻飞虱、稻纵卷叶螟、红蜘蛛等。同时，对蔬菜霜霉病、疫病、炭疽病等也有兼治效果。

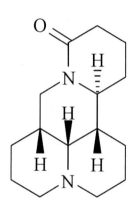

图4—4

左：苦参碱产品；右：苦参碱的化学结构

苦参碱可直接在中药临床上应用，其制剂对人、畜低毒，易降解，不伤害天敌昆虫，对环境安全。

小资料

目前登记的苦参碱制剂主要有：0.2%、0.26%、0.3%、0.36%、0.5%苦参碱水剂，0.38%、1.1%苦参碱粉剂，0.36%、0.38%、1%苦参碱可溶性液剂，0.3%、0.38%苦参碱乳油，0.3%高渗苦参碱水乳剂，0.3%苦参碱乳油（灭菌灵），0.5%苦参碱水剂，98%苦参碱（浸膏），以及苦参碱与各种其他低毒农药复配的产品，如1.8%、3.2%苦·氯乳油，0.5%、0.6%、1.1%、1.2%苦·烟乳油，0.6%苦·小檗碱水剂，1%苦参碱·印楝素乳油，0.6%苦·小檗碱水剂，6.5%苦参碱·宁南霉素种子处理可分散粒剂等。

● 细说 鱼藤酮

　　鱼藤酮来源于豆科鱼藤属、鸡血藤属、梭果属等植物（见图4—5）。它们中都含有鱼藤酮及鱼藤酮类似物，是制备鱼藤酮杀虫剂丰富的原料。我国的广东、广西、福建和台湾等省（自治区）都是鱼藤酮的主要产区。

　　鱼藤酮为广谱性杀虫剂，对害虫具有触杀和胃毒作用。进入虫体后作用于呼吸系统，使害虫呼吸减弱，心脏跳动缓慢，最终死亡。对日本甲虫有拒食作用，对某些鳞翅目害虫有生长发育抑制作用。鱼藤酮对15个目137个科的800多种害虫均具一定的防治效果，尤其对蚜、螨类害虫效果突出。

　　鱼藤酮制剂常被用来防治十字花科蔬菜蚜虫、番茄蚜虫、菜青虫、二十八星瓢虫、猿叶虫、黄守瓜、黄条跳甲、菜螟等，

图 4—5　鱼藤酮的药源植物

与阿维菌素混用还可防治寄生于猪、牛、羊、兔等动物体表的蜱、螨、虱等各种寄生虫；与辣椒碱活性成分复配或与其他杀虫活性成分混配，对小菜蛾、菜青虫、蚜虫、红蜘蛛等均具有良好的杀灭效果。

小资料

鱼藤酮制剂产品主要有：2.5%、7.5%鱼藤酮乳油，3.5%、4%高渗鱼藤酮乳油，5%除虫菊素·鱼藤乳油，18%辛·鱼藤乳油，1.3%氰·鱼藤乳油，3.3%鱼藤·苦参水乳剂，0.2%苦参碱水剂+1.8%鱼藤酮乳油桶混剂，25%敌·鱼藤乳油，1.3%氰·鱼藤乳油，2.5%氰·鱼藤乳油，7.5%氰·鱼藤乳油，1.8%阿维·鱼藤乳油，25%水胺·鱼藤乳油，21%辛·鱼藤乳油。

鱼藤酮属于中等毒性，在阳光下易分解，在土壤和水中分解很快，但在水生生物体内有较高的生物蓄积性。

● 细说 除虫菊素

除虫菊素是除虫菊花中的主要杀虫成分。除虫菊是人类最早发现利用的杀虫植物之一，是菊科菊属的多年生草本植物，在世界各地均有分布（见图4—6）。除虫菊素是从除虫菊花中采用不同方法萃取而来。其中包括除虫菊素Ⅰ和除虫菊素Ⅱ、瓜叶菊素Ⅰ和瓜叶菊素Ⅱ、茉酮菊素Ⅰ和茉酮菊素Ⅱ共6种。除虫菊素是这些杀虫成分的总称，又因为除虫菊素Ⅰ和除虫菊素Ⅱ是6种杀虫成分中的主要组分，因此除虫菊素又代表了除虫菊素Ⅰ与除虫菊素Ⅱ。除虫菊素对人、畜低毒，对植物及环境安全。

图 4—6 除虫菊的药源植物

小资料

　　除虫菊素制剂产品主要有：3%除虫菊素微囊悬浮剂、5%除虫菊素乳油、2.5%除虫菊素乳油、3%除虫菊素水剂、2%天然除虫菊素乳油，1%除虫菊素·苦参碱微囊悬浮剂。

来源于植物的生物农药

话题四

105

除虫菊素主要通过触杀作用达到杀虫的效果，击倒力强，杀虫谱广。除虫菊素无熏蒸和内吸作用，但具有一定的拒食和驱避作用。除虫菊素可以干扰神经传导，引起昆虫麻痹和死亡。

● 细说 蛇床子素

蛇床子素是从蛇床子、欧前胡等植物中提取的（见图4—7）。其化学名称为8-（3-甲基-2-丁烯基）甲醚伞形酮，属于香豆素类化合物，为低毒杀虫剂，对人、畜无毒无害，对环境安全。

图4—7　蛇床子素的药源植物

蛇床子素杀虫作用以触杀为主，兼有一定胃毒作用。对昆虫的神经系统具有明显的影响。对菜青虫和茶尺蠖有较好的防治效果。蛇床子素还有较广谱的抑菌活性，对细菌和真菌均有强烈的抑制作用，可作为植物毒素来减轻植物的受侵染程度，甚至可以阻止病原物在植物体内繁殖。

小资料

　　蛇床子素制剂产品主要有：0.4% 蛇床子素乳油、1% 蛇床子素粉剂、1% 蛇床子素8000IU·μL-1Bt 悬浮剂、1% 蛇床子素水乳剂（瓜喜）、2% 蛇床子素乳油、6% 井冈·蛇床子素可湿性粉剂。

● 细说 其他常用植物源农药

苦皮藤素

　　苦皮藤素是从卫矛科南蛇藤属杀虫植物苦皮藤的根皮中提取得到的，对昆虫具有麻醉活性。其主要成分是以二氢沉香呋喃环为骨架的多元酯化合物。苦皮藤素具有多种活性成分，其中毒杀活性最高的是苦皮藤素 IV。苦皮藤素纯品为白色无定形粉末，无挥发性，对光、热较稳定。

　　苦皮藤素对昆虫具有胃毒作用，害虫取食后表现为软瘫麻痹，对外界刺激无反应。科学家的研究表明，苦皮藤素中的毒杀成分主要作用于昆虫肠细胞，而其中的麻醉成分则可能作用于昆虫的神经和肌肉系统。

　　苦皮藤素制剂为低毒，对人、畜无毒无害，对环境安全。

107

小资料

　　苦皮藤素的登记产品为 0.23% 苦皮藤素乳油和 0.15% 苦皮藤素微乳剂。用苦皮藤素制剂的 500～1 000 倍稀释液可有效防治小菜蛾、菜青虫、马铃薯甲虫（马铃薯叶甲）、马铃薯二十八星瓢虫、猿叶甲、黄守瓜、棉铃虫、黏虫、菜叶蜂等蔬菜害虫，以幼龄期施药效果最佳。苦皮藤素具有持效性，仅需在防治期喷药一次，但应注意均匀喷洒。

川楝素

　　川楝素是用川楝树中被间伐树木的树皮废弃物经提取加工得到的，可制成杀虫乳油或可湿性粉剂。其主要化学成分为呋喃三萜。川楝素为低毒，对人、畜无毒无害，对天敌昆虫无影响，在自然环境下易分解，对环境安全，且资源丰富（楝树为一速生树种，在我国秦岭以南广为分布，尤以山区为多，为川楝素的生产提供了丰富的楝树资源），符合绿色食品生产中对杀虫剂的要求。

　　川楝素具有胃毒、触杀和拒食等多方面的杀虫作用。研究人员观察到：菜青虫取食经川楝素处理的叶片后，会麻痹瘫痪、昏迷，且大多数不能复苏。中毒幼虫后肠突出于腹部末端，两天后中肠部位变黑。部分高龄虫表现出虽可以化蛹，但蛹体畸形，幼虫旧表皮不能蜕出，或前、后翅发生水泡状突起，不能正常羽化等现象。这说明川楝素对害虫的毒杀作用是多方面的。

108

当害虫取食和接触药物后，既可破坏中肠组织，影响营养的消化吸收，表现出拒食，又可阻断神经中枢传导，干扰呼吸和代谢而出现麻痹，使其昏迷致死，还可影响害虫的生长发育，形成畸形虫体而逐渐死亡。

川楝素可用于菜青虫、斜纹夜蛾、小菜蛾、菜螟等蔬菜鳞翅目害虫的防治，对防治蚜虫、金龟子等也有效，还可用于水产养殖中的有害生物或家畜体表寄生虫的防治。由于取食川楝素以后的幼虫即使复苏也并不取食，因此保叶率很高，十分适用于叶菜类使用。

小资料

常见的川楝素制剂有0.5%楝素杀虫乳油（蔬果净）、0.3%楝素乳油（绿晶）等。由于川楝素对防治幼虫有良好药效，因此在成虫产卵高峰后7天左右或幼虫2~3龄期施药为宜。

（本章中的图片摘自西北农林科技大学张兴教授的学术交流资料）

来源于植物的生物农药

话题四

109

说说 植物源农药产品的应用实例

● 印楝素的应用实例

防治十字花科蔬菜小菜蛾。可在小菜蛾发生为害期、卵孵化盛期至低龄幼虫盛发期，用0.5%印楝素乳油稀释600~800倍，常量喷雾，视虫情可在7天后再防治1次。

防治水稻害虫，包括螟虫、叶蝉、飞虱、稻蝗虫，用0.3%印楝素乳油稀释1 500~2 000倍，常量喷雾。

防治棉红蜘蛛、棉铃虫、棉蓟马等棉花害虫，用0.3%印楝素乳油稀释1 500~2 000倍，常量均匀喷雾。

防治茶叶害虫，包括蚜虫、小绿叶蝉、茶毛虫、卷叶蛾、茶尺蠖、红蜘蛛等，用0.3%印楝素乳油稀释1 000~1 500倍，常量喷雾。

防治烟草害虫，包括烟草夜蛾、烟蚜，用0.3%印楝素乳油稀释800~1 000倍，常量喷雾。

防治果树害虫，包括潜叶蛾、红蜘蛛、锈壁虱、卷叶蛾等，用0.3%印楝素乳油稀释1 500~2 000倍，常量喷雾。

防治林木害虫，包括毒蛾、松毛虫、松梢螟、竹螟等，用0.3%印楝素乳油稀释800~1 000倍，常量喷雾。

防治花卉害虫，包括蚜虫、蛾类、螨类、蜡类、蝇类、蜗牛类等，每 667 m² 用 0.3% 印楝素乳油 55~100 mL，加水 50 kg，常量均匀喷雾。

● 苦参碱的应用实例

近年来，苦参生物碱作为杀虫剂用来防治蔬菜、果树、茶树和粮食作物上的多种害虫的报道越来越多。如用 1% 苦参碱可溶性液剂防治蔬菜蚜虫、菜青虫、松毛虫幼虫；用 0.38% 苦参碱乳油防治甘蓝菜青虫、茶尺蠖、茶毛虫；用苦参生物碱制剂防治苹果蚜虫、苹果叶螨、红蜘蛛，防治梨树的梨二叉蚜，柑橘树上的红蜘蛛、柑橘矢尖蚧；防治水稻上的稻水象甲、二化螟、稻纵卷叶螟、稻飞虱；防治小麦地下害虫、黏虫，谷子黏虫等，均取得了良好的效果。同样，在应用苦参碱防病抗菌方面也有许多成功的实例。如用 0.3% 苦参碱乳油防治黄瓜霜霉病，用 20% 苦·硫·氧化钙水剂防治辣椒病毒病，用 0.36% 苦参碱水剂或 0.36% 苦参碱可溶液剂防治梨树黑星病，用 0.6% 苦·小檗碱杀菌水剂防治苹果树腐烂病、轮纹病等均得到了理想的抑菌效果。

● 除虫菊素的应用实例

除虫菊素在大田害虫和卫生防治上都有应用。例如，防治蔬菜蚜虫、小菜蛾，可用 3% 除虫菊素微囊悬浮剂，常量喷雾；防治桃树红蜘蛛，用 5% 除虫菊素乳油稀释后，常量喷雾；防治斜纹夜蛾，用 5% 除虫菊素乳油，常量喷雾；防治美洲斑潜蝇，用 5% 天然除虫菊素乳油，常量喷雾；防治白粉虱、蚜虫，用 5% 天然除虫菊素乳油，常量喷雾；防治烟蚜，用 2.5% 除虫菊素乳油，常量喷雾；防治茶假眼小绿叶螨和茶尺蠖，用3%除虫菊素水剂，常量喷雾；用1.8%除虫菊素加苦参碱水乳剂，常量喷雾，可以有效地防治苹果黄蚜、苹果红蜘蛛和山楂叶螨。1%除虫菊素·苦参碱微囊悬浮剂，常量喷雾，对梨木虱有良好的防治效果。

● 蛇床子素的应用实例

在农业应用上，用0.4%蛇床子素乳油防治十字花科蔬菜上的菜青虫，用0.4%蛇床子素乳油防治菜蚜，用0.4%蛇床子素乳油防治茶尺蠖，用1%蛇床子素水乳剂防治黄瓜、南瓜、草莓白粉病，用2%蛇床子素乳油防治水稻稻曲病，用6%井冈·蛇床子素可湿性粉剂防治水稻纹枯病，用1%蛇床子素·8 000 IU/μL Bt悬浮剂防治菜青虫、小菜蛾等，均具有很好的防治效果。

1%蛇床子素水乳剂

1%蛇床子素水乳剂高效无残留，对植株的果、花、叶安全，符合国家有关绿色和有机蔬菜生产中使用农药的规定。该产品已经获得用于防治黄瓜白粉病、霜霉病和水稻稻曲病农药临时登记。

1%蛇床子素水乳剂主治白粉病，兼治霜霉病、灰霉病，对蚜虫也有一定的趋避作用。田间试验证明本品对葡萄、瓜类、草莓等作物的白粉病防效均在90%以上，防效与同类药剂乙嘧酚、腈菌唑、翠贝相当，超过世高、阿米西达、粉锈灵，且抗药性风险均低于以上药剂。在江苏句容天王镇万亩草莓基地连续使用3年，每年防治季节连续使用12次，田间没有观察到抗药性。

小资料

　　1% 蛇床子素水乳剂具有内吸性和触杀性，即药剂接触到病菌能立即发挥效果，起效快。所以要求打药时打到叶片滴水为止，尽可能打到叶子的正反面，这样才能发挥药的最大效力。1% 蛇床子素水乳剂使用剂量：一瓶药（100 mL）三桶水（15 kg 的喷雾器）。根据田间发病情况，发病初期 7~15 天施药一次，发病盛期 3~5 天施药一次，连续施药 3~5 次。

来源于植物的生物农药

话题四

113

可用在农业生产
中的抗生素

说说 用在农业生产上的抗生素

抗生素在人们的日常生活中很常见，甚至可以说与现代生活密切相关。日常生活中经常可见由于细菌感染生病，由医生处方开药口服或注射抗生素，甚至在医院静脉点滴输入抗生素药剂的情景。

● 农用抗生素是如何产生的呢？

抗生素是微生物的代谢产物，在微生物生长的一定自然阶段产生。医药中常用的抗生素由生产单位对相关微生物进行发酵培养，控制发酵培养条件，以获得尽可能多的抗生素量，然后经一系列提取加工程序，最终生产成可供人类或畜类使用的抗生素制剂。农业上应用的抗生素制剂与医药上情形类似，只不过它们是专门用来杀灭植物病原菌或害虫，防治农业病虫害的，称为农用抗生素。

● 农用抗生素是生物农药吗？

农用抗生素不是活体生物，而是由微生物活体细胞代谢产生的具有生物活性的天然化学物质。在世界不同的国家里，由于对"生物农药"的定义不同，也就不一定归属于生物农药范畴。我国对农用抗生素的研发应用历史较长（自新中国成立至今），产品种类也不少，用于防治农作物病虫害效果优异。因此，在我国，农用抗生素虽非活体物质，但缘于活体，是"生物源农药"，仍属于生物农药的大范畴。

说说 农用抗生素的产品种类

● 农用抗生素是安全的吗？

农业生产上常用的抗生素包括可以防病治病的抗菌素和杀虫抗生素两大类。这些产品中除个别抗生素（如阿维菌素的原药）为高毒以外，其他的绝大多数都是低毒的，对人、畜和环境安全，可以在无公害农产品的生产中使用。即使原药高毒的阿维菌素在经过制剂改良以后，毒性也大大降低，仍然可以安全使用。

● 农用抗生素在我国大量生产和使用

我国与日本、俄罗斯以及东欧许多国家历来比较重视农用抗生素的研发、生产和使用。但在欧美国家，对农用抗生素的研发使用比较谨慎。自新中国成立以来，在农用抗生素的研发、生产和使用上做了大量工作，自主研发的农用抗生素在品种和质量上均已达到国际先进水平。我国的农用抗生素生产和使用量都很大，其中部分品种在整个生物农药行业中占的比例还很大。据专家统计，当前国内仅生产农用抗生素的大小企业就有1 700多家，登记的各种产品60种，有效成分13种。而在我国整个生物农药的产量和销售额中，农用抗生素也与苏云金杆菌（Bt）一起占据了排行榜首，其中，井冈霉素和阿维菌素与Bt合起来，占了总产量和销售额的90%以上。

不同的病虫害，需要不同的抗生素

无论是人畜用的抗生素还是农用抗生素，都有较强的病原针对性。也就是说不同的抗生素杀不同类型的病原菌或害虫。因此，农业生产上针对不同的病害或虫害，需要研制和使用不同的抗生素，因而在生产上使用的抗生素种类就很多。目前农业生产上常用的杀虫抗生素有多杀菌素、浏阳霉素、阿维菌素等；常用的抑菌防病的抗生素有井冈霉素、中生菌素、农抗120、多氧霉素、武夷菌素、宁南霉素、春雷霉素、农用链霉素等很多品种，用于防治不同类型的农业病虫害。

117

说说 杀虫抗生素

与苏云金杆菌（Bt）杀虫剂的作用类似，一些农用抗生素同样有杀虫的功效，可以用来防治部分农业虫害。

● 细说 多杀菌素

多杀菌素（*spinosad*）是由放线菌刺糖多孢菌（*Saccharopolyspora spinosa*）发酵产生的新型高效低毒抗生素，被誉为杀虫抗生素的重大进展，英文名称为"Succes（成功）"。

多杀菌素的主要成分为 Spinosyn A 和 Spinosyn D，前者可作用于昆虫的中枢神经系统，影响其正常生长发育，对昆虫有胃毒和触杀作用，其杀虫速度可与化学农药相媲美，对产生抗性的害虫有高效。多杀菌素可用于防治小菜蛾、甜菜夜蛾、蓟马、烟青虫等多种害虫。

多杀菌素制剂在田间应用，能使接触到药剂的害虫迅速停食，引起麻痹，但不立即致死，一般可存活 2 天以上。所以药效检查应在施药 2~3 天之后进行。该抗生素对人和高等动物安全，医学毒性试验显示，对眼睛、皮肤无刺激性，慢性毒性未见致畸性、致突变和致癌性。但需注意的是，该药剂对蜜蜂高毒，应避免直接施用于开花期的蜜源植物，避开养蜂场所，最好在黄昏时施药。此外，对水生节肢动物也有毒，应避免污染河川、

118

水源。

细说 浏阳霉素

浏阳霉素（*liuyangmycin*）是由灰色链霉菌浏阳变种（*Streptomyces griseus var. liuyangensis*）产生的杀螨抗生素，其结构属于大四环内酯类，低毒。登记产品为 10% 浏阳霉素乳油，45~75 g（有效成分）/hm^2，用于防治蔬菜上的叶螨，对蚜虫也有一定效果。

细说 阿维菌素

阿维菌素（*Avermectins*）由于其原药高毒，我国已规定在作为 A 级绿色食品的蔬菜生产中禁止使用（中华人民共和国农业行业标准 NY/T 393—2000）。

小资料

我国登记生产多杀菌素的企业有 10 家，产品有 15 种。

我国目前登记生产阿维菌素的企业最多，有 781 家，产品有 1 354 种（包括 34 种母药）。

说说 抑菌防病的抗生素

植物的病害分为很多种类。有由细菌引起的，也有由真菌引起的；有通过土壤传播的（称为土传病害），也有通过空气传播的（称为气传病害）。像对待人、畜的病需要用多种不同的抗生素一样，对植物病害的防治同样要根据致病菌类型的不同，选用不同的农用抗生素产品。

● 细说 井冈霉素

井冈霉素（*jinggangmycin*）是由吸水链霉菌井冈变种（*Streptomyces hygroscopicus* var. *Jinggangensis*）产生的葡萄糖苷类水溶性抗生素。主要用于水稻纹枯病、稻曲病、黄瓜立枯病和蔬菜根腐病等的防治。应用面积最大的是用于防治水稻纹枯病，防效显著。

井冈霉素具有较强的内吸性，容易被菌体细胞吸收并在其体内迅速传导，干扰和抑制菌体细胞的生长和发育。

小资料

国内生产井冈霉素的厂家有152家，登记产品有234种（包括5种母药）。产品类型有2%、3%、5%、10%等多种水剂，2%~20%多种规格可溶性粉剂等。井冈霉素制剂低毒，对人、畜、环境安全。

井冈霉素与多种生物农药不同，具有持效期长，耐雨水冲刷，可与多种杀虫剂混用，可与非碱性杀菌剂混用等突出优点。因此在使用中更方便。国家规定，井冈霉素制剂可用于无公害

120

食品生产。

● 细说 中生菌素

中生菌素（*zhongshengmycin*）是由淡灰链霉菌海南变种（*Streptomyces lavendulae* var. heinanensis）产生的 H- 糖甙类抗生素，又名"农抗 751"。该产生菌由中国农业科学院生物防治研究所从海南的土壤中分离得到，并研制成功。

中生菌素制剂能防治各种蔬菜细菌性病害和部分真菌性病害。其通过抑制细菌菌体蛋白质的合成，导致菌体死亡而达到防治细菌性病害的目的。也可通过使丝状真菌菌丝变形，抑制孢子萌发或直接杀死孢子，从而起到防治真菌性病害的作用。

小知识

中生菌素的登记产品为 1% 中生菌素水剂和 3% 可湿性粉剂，具有中等毒性，可广泛用于蔬菜、瓜果的细菌性或真菌性病害防治。如白菜软腐病、黑腐病，黄瓜角斑病，番茄青枯病，辣椒青枯病、疮痂病、炭疽病，芦笋茎枯病，菜豆细菌性疫病，西瓜枯萎病、炭疽病及细菌性果腐病等。

生产上常见的是由中国农业科学院生物防治研究所研制，由厦门凯立生物制品有限公司生产的中生菌素 3% 可湿性粉剂，商品名为克菌康，包括多种不同的专用型。防治各种典型蔬菜病害的正确使用方法如下：用 800~1 200 倍液，幼苗期施 1 次，莲座期进行 2~3 次喷淋，可防治白菜软腐病、黑腐病；用 800~1 200 倍液喷雾 2~3

次，可防治黄瓜细菌性角斑病；用 800~1 000 倍液灌根或喷淋 2 次，可防治番茄青枯病；用 800~1 000 倍液灌根或喷淋 2 次，可防治辣椒青枯病、疮痂病、炭疽病；用 800~1 200 倍液喷雾 2~3 次，可防治芦笋茎枯病和菜豆细菌性疫病；用 800~1 000 倍液灌根、喷雾各 2 次，可防治西瓜枯萎病、炭疽病及细菌性果腐病。

● 细说 农抗 120

农抗 120 是由吸水刺孢链霉菌北京变种（*Streptomyces hygrospinosus* var. beijingensis）产生的碱性水溶性核苷类抗生素。其产生菌由中国农业科学院生物防治研究所从北京的土壤中分离得到，并研制成功。

农抗 120 能抑制真菌孢子的形成或延缓菌核的生成，可使菌丝扭曲畸变，丧失致病能力。此外，研究还表明，农抗 120 处理过的植株体内的过氧化氢酶活性明显提高，抗病能力增强。

小知识

农抗 120 的登记产品为 2% 和 4% 农抗 120 水剂，低毒，对人、畜无毒无害。其纯品在酸性和中性介质中稳定，遇碱易分解。制剂产品外观为褐色液体，无臭味，沉淀物 ≤ 2%，在室温两年储存期内比较稳定。在全国各地的蔬菜田和保护地中对黄瓜、辣椒炭疽病，番茄早、晚疫病，芹菜斑枯病，黄瓜、大葱白粉病、霜霉病，白菜、甘蓝黑腐病等进行的防治试验和推广的结果显示农抗 120 的防效均在 70%~90%。

　　用农抗 120 制剂 200 倍液喷雾可防治瓜类白粉病、大白菜黑斑病和番茄疫病；200 倍液灌根可防治西瓜枯萎病、炭疽病。防治黄瓜白粉病，需在发病初期开始喷药，每次每 667 m² 用 2% 水剂 200 倍液喷雾，隔 15~20 天喷药一次，共用药 4 次。如病情严重，可隔 7~10 天喷一次。

● 细说 多氧霉素

　　多氧霉素（*Polyoxin*）又名多抗霉素、多效霉素，是由金色链霉菌（*Streptomyces aureochromogenes*）产生的多氧嘧啶核苷类广谱性抗菌素，制剂低毒，对环境安全。

　　多氧霉素能干扰菌体细胞壁的几丁质合成，并可抑制病菌产孢，芽管和菌丝出现局部膨大、破裂，细胞内含物溢出而导致菌体死亡。多氧霉素具有内吸传导作用，杀菌力强。多氧霉素对酸性溶液、中性溶液及紫外线稳定，常温下储存 3 年以上稳定，具有较好的稳定性及速效性，并能刺激作物生长，在不同的大田条件下表现出与化学农药类似的稳定效果。

123

小知识

多氧霉素的产品多为 1.5%、2% 和 3% 可湿性粉剂，商品名称之一为多氧清。也有 0.3% 水剂，对由真菌引起的瓜果类蔬菜病害防效优良。用 1.5% 可湿性粉剂，间隔 7~9 天，用药 5 次可防治黄瓜霜霉病、白粉病；发病前灌根，然后连续多次喷药可防治瓜类枯萎病；75 倍液，间隔 7~9 天，用药 5 次可防治番茄晚疫病和早疫病；150 倍液用于土壤消毒可防治菜苗猝倒病；400 倍液可抑制洋葱霜霉病的发生。用 3% 可湿性粉剂，在发病初期用 900~1 200 倍液喷雾，隔 7~10 天使用 1 次，连用 2~3 次，可防治洋葱、大葱、大蒜紫斑病；600~1 200 倍液喷雾，如病情较重，隔 7 天再喷 1 次，可防治白菜黑斑病、向日葵黑斑病、花卉白粉病、人参黑斑病等。

● 细说 武夷菌素

武夷菌素又称 Bo-10，是由不吸水链霉菌武夷变种（*Streptomyces ahygroscopicus* var. *wuyiensis*）产生的含有孢苷骨架的核苷类抗生素，由中国农业科学院植保所研制成功。

武夷菌素能强烈抑制真菌孢子的萌发与形成，可抑制菌丝生长并影响菌体细胞膜的渗透性，并有刺激作物生长的作用。

武夷菌素对多种作物真菌病害有良好的防治效果。可用于防治瓜类白粉病，番茄灰霉病、叶霉病，黄瓜黑星病，芦笋茎枯病等多种蔬菜真菌病害。其对黄瓜白粉病防效可达 90% 以上；

对番茄叶霉病防效在85%以上；对番茄灰霉病、韭菜灰霉病、黄瓜灰霉病，一般防效为58.7%~91.6%；对黄瓜黑星病防效为86%。此外，对黄瓜霜霉病、疫病、炭疽病及番茄早疫、晚疫病、辣椒炭疽病等均有不同程度的防治效果。

小知识

武夷菌素的登记产品为1%农抗武夷菌素水剂，属于低毒。用1%农抗武夷菌素水剂可防治黄瓜白粉病；100 mg/L武夷菌素喷洒2次，防治番茄叶霉病；防治番茄灰霉病效果达82.11%。有报道用2%武夷菌素水剂防治瓜类白粉病、番茄叶霉病、黄瓜黑星病、韭菜灰霉病，在病害初发时喷药，间隔5~7天喷一次，连续防治2~3次，有较好防治效果。

● 细说 宁南霉素

宁南霉素（ningnanmycin）是中国科学院成都生物研究所研制的胞嘧啶核苷肽型新抗生素广谱杀菌剂，可用于防治番茄病毒病、辣椒病毒病、菜豆白粉病等多种蔬菜病害。

小知识

宁南霉素的登记产品为2%或8%宁南霉素水剂，制剂低毒。用90~120 g（有效成分）/hm^2喷雾可防治番茄病毒病；90~125 g（有效

125

成分）/hm² 喷雾可防治辣椒病毒病和菜豆白粉病。在发病初期施药，每隔 7~10 天喷一次，不少于 3 次用药即能达到较好的防病增产效果。

● 细说 春雷霉素

　　春雷霉素（*kasugamycin*）是由中国科学院微生物研究所从江西分离到的一株小金色放线菌（*Actinomycetes microaurous*）产生，在日本称为春日霉素，由春日链霉菌（*Streptomyces kasugaensis*）产生，为一种碱性水溶性抗生素。

　　春雷霉素可抑制病原菌菌丝蛋白质的合成，主要用于防治稻瘟病，在无公害蔬菜生产上可用于黄瓜枯萎病、角斑病和番茄叶霉病的防治。

小知识

　　我国春雷霉素的登记产品为 2%、4%、6% 可溶性粉剂和 0.4% 粉剂。用 6% 可溶性粉剂 300 倍液灌根及喷雾，可防治黄瓜枯萎病。日本北兴化学工业株式会社登记的产品为加收米 2% 液剂，常量喷雾，可防治黄瓜角斑病和番茄叶霉病。

126

● 细说 农用链霉素

链霉素（*streptomycin*）是由链霉菌（*Streptomyces griseus*）产生的抗生素，低毒。在绿色食品蔬菜生产中可防治多种植物细菌性病害，尤其适用于有效控制结球白菜软腐病、黄瓜细菌性角斑病、甜（辣）椒细菌性斑点病及菜豆细菌性疫病等多种蔬菜病害，并能兼治白菜、黄瓜的霜霉病等真菌性病害。其登记产品为 72% 农用硫酸链霉素可溶性粉剂，可防治上述各类蔬菜病害。

小知识

注意事项：链霉素可与其他抗菌素、杀菌剂或杀虫剂进行混用，以提高药效和扩大兼治范围，并可避免病原菌对链霉素产生抗药性。但不能与青虫菌、杀螟杆菌、苏云金杆菌、白僵菌等生物制剂混用，以免降低药效。

可用在农业生产中的抗生素

话题五

127

潜力巨大的新型生物农药
——植物免疫激活剂

说说 植物体内有免疫系统吗

● 植物在自然界中为什么没有被灭绝？

人们在日常生活中对人类免疫和动物免疫都有或多或少的了解。当人或动物的免疫系统健全时，他们抵抗疾病的能力就强，一旦免疫力下降了，就抵抗不了病原菌的侵袭或是恶劣自然环境的变化而容易生病，严重时甚至会死亡。免疫力相对较弱的老人和孩童更容易耐受不住严苛环境（严寒或酷热）的改变而易感疾病，给生存带来威胁。人类和动物如此，那么植物体内是否也存在着与人或动物相似的免疫系统呢？长期以来人们对此一直不十分清楚。但是从植物在地球上有着长达一亿五千万年的生存史来看，植物在自然界中不可避免地会经常受到各种病虫害的侵袭，但是植物并没有因此而灭绝，这种现象说明植物也应该与动物一样在体内存在着一定的免疫功能。

◉ 植物是怎样抵御病毒侵袭的？

其实，早在 100 多年前就有人观察到当植物被接种了致病病原物时，可以产生对一些病害的抵抗能力。从 20 世纪 50 年代以来，人们陆续发现真菌、细菌、病毒可诱导烟草、蚕豆、豇豆等多种植物产生抵抗病菌的能力。Kec 等科学家用实验证明了葫芦科植物能通过接种病毒、细菌、真菌来获得免疫能力，并首先提出了"植物免疫"这一概念。此后，更多科学家的研究都验证了植物免疫抗性的存在及其可被外在因子诱导的特性。

◉ 植物存在自身保护机制被科学家证明

20 世纪 70 年代以后，随着分子生物学和分子遗传学技术的发展和应用，使植物免疫学方面的研究又不断地有了新的突破。2002 年以后有多位学者纷纷在世界最具权威的著名科学杂志《Nature》（自然）和《Science》（科学）上发表文章，从遗传学角度和分子层面更深入地证明了植物本身保护机制的存在，植物对致病菌产生抗性的途径，指出植物具有特殊的可以识别细菌、病毒和霉菌等微生物入侵的免疫传感器，确定了植物免疫响应过程中的关键信号物质等。2006 年，Jones 等科学家在《Nature》杂志上发表文章，系统地总结了植物免疫的概念，此后有关植物免疫的研究受到了越来越广泛的关注。

说说 植物的免疫防御机制

● 植物获得免疫能力靠的是与其他生物种类协同进化

植物与动物不同，植物固定地生活在某处，不能像动物那样主动移动，不能通过运动来趋避病原物和险恶环境。植物也不像动物那样在体内具备神经传导、体液调节等高级调节系统，因此植物的免疫也不同于动物，有其自身的特点。

植物免疫能力的获得是千万年来与其他生物种类协同进化的结果。在漫长的生存繁衍过程中，植物需要不断地应对周围环境的变化和其他生物的影响（如大量病原体的侵袭、害虫及其他动物的伤害等）。适者生存，能够在自然界的千变万化中存活下来的植物已经在其体内形成了对周围环境的适应能力和抵御其他病虫害侵袭的一系列防御机制。

● 植物自身防御的"物理屏障"

专家研究认为，植物防御病虫害的反应主要包括三步：发现入侵病原生物；杀死入侵病原生物；将入侵病原生物的信息储存，以便再次遇到侵袭时做出反应。

植物自身的防御首先来自"物理屏障"。植物防御的物理屏障是指在植物的表面部位有角质层、蜡质层等的保护。在受伤组织周围还可形成高度木质化的木栓组织，分泌各种树浆、树脂等。这些防御结构可以在植物体表面或细胞外形成一道物理屏障，阻止病原生物的入侵。同时，由于木质化组织或其他组织产生的木质素、树浆、树脂等物质是亲脂性的，既可以使这些病原生物无法获得水溶性营养而阻止其长期生存，又可以防止病原物产生的毒素进入植物体内。这些物理性的保护屏障是植物组织的第一道"防线"，首先保护了植物组织不被病原物侵害。一旦这道物理屏障"失守"，植物便要依靠"化学屏障"来进行更高层次的防御。

● 植物自身防御的"化学屏障"

植物的"化学屏障"表现在组织内能产生对病原物有杀灭或抑制作用的化学物质。这些物质是通过次生代谢形成的，因而被称为次生物质。主要包括一些含氮化合物、酚类、萜类等物质。说到这些酚类和萜类物质，非专业人员觉得很陌生，其实在大家所熟知的很多植物中都含有这些物质。例如，洋葱中所含的酚类物质（原儿茶酚）、大蒜中所含的大蒜素、木材中含有的萜类和酚类物质，这些物质都是在植物体内预先形成的具有抑菌作用的化合物，具有很强的杀菌、抑菌能力和抗腐性。

● 部分次生物质是被外界因子激活而产生的化学屏障

参与植物免疫的次生物质中包括在健康条件下产生的（非诱导的）和在受到外源性侵害时由外界因子诱导产生的次生物质。在健康条件下产生的次生物质中包括两类；一类与维持植物的基本生命过程直接相关，可直接参与植物的正常生理代谢。

例如吲哚乙酸、赤霉素可作为植物激素直接参与生命活动的调节；叶绿素、类胡萝卜素是光合色素，参与光合作用；木质素是细胞次生壁的重要组成成分等。另一类则与维持植物的基本生命过程无直接关系，它们是预先生成的抑菌物质，当植物受感染时参与植物的免疫作用。

植物中由外界因子诱导产生的次生物质作为植保素或抑菌物质构成了植物免疫的化学屏障，对植物起到保护作用。植保素是能抑制微生物生长的小分子化合物，对病原真菌有高度毒性，且无特异性，被认为是植物产生的抗菌物质中最重要的一类。植保素主要是一些化学结构为酚类和萜类的物质，如苯甲酸、豌豆素、红花醇、绿原酸等。植保素的诱发是非专化的，致病和非致病的菌株都能诱导植保素的形成，一些非生物的因素如紫外光、真菌培养液或菌丝的提取物也能诱导植保素的形成。

研究证实，植物免疫的诱导主要来自病原物的直接感染，但植物的物理性损伤也可以使受伤组织产生物理屏障和化学屏障。

说说 植物免疫概念的确立对农业生产安全的意义

● **植物自身的免疫特性受到科学家的关注**

在以往传统的农业植物病虫害防治中，人们习惯地将病虫

133

害和防治药剂作为关注目标。在具体防控中总是偏重于"发生了什么病虫害""用什么药物可以防治",而很少以植物自身作为关注目标,从植物的角度去考虑其对病虫害或防治药物的反应和变化。近十多年来,随着科学技术的深入发展,科学家们加紧了对这方面的关注和研究,不仅对植物自身的免疫特性进行了深入研究,也更多地关注病虫—植物—药物三者之间的关系。十多年来大量、反复的科学实验已从不同角度充分证明了在植物体内也同样存在着与人类和动物一样的免疫反应,而且这些免疫反应体系是可以被自然界中多种诱导因子诱导激活的。

● 植物免疫是大自然的产物,对农业生态安全环保

植物免疫概念及可诱导抗性的确立,促成了生物农药行列中又一个新成员——植物免疫激活剂的诞生。植物免疫激活剂来源于生物体,是大自然的天然产物,不存在环境残留和环境污染。其作用于植物体,是通过诱导植物自身免疫力的增强来抵御病虫害的侵袭,对其他生物无毒无害。此外,研究证明植物免疫激活剂还能促进植物的生长,提高农作物果品的品质,对农业的增产增收大有好处,是安全可靠的植保手段。植物免疫激活剂的应用对促进农业生产,维护农业生态环境,保障食品安全具有重要意义。

说说 什么是植物免疫激活剂

● 植物免疫激活剂其实就是一种"植物疫苗"

人和动物在长期的繁衍进化中获得了完整的免疫功能。同样，植物在长期的进化中也逐步获得了适应各种不良环境和抵抗病原物侵袭的能力和机制。

研究表明，当植物受到病、虫的侵袭时，会通过释放植保素、乙烯、水杨酸、茉莉酸及多酚类物质来抵御外来病原物的入侵，这些植物对病虫的初始反应就如同人类和动物体内所存在的免疫反应一样。

科学家根据人和动物的免疫反应原理发明了人类疫苗和动物疫苗。同样，近年来科学家们也根据植物的免疫反应特性发明了"植物疫苗"，那是一类新型的生物农药——植物免疫激活剂。

● 植物免疫激活剂能"激活"植物体内的免疫系统

自然界中存在着许多能诱导植物产生免疫反应的生物或微生物。植物免疫激活剂就来源于这些生物或微生物。植物免疫激活剂可以是一些致病的或非致病的菌体、病毒体，也可以是一些病原物的提取成分。可以是蛋白质一类的大分子，也可以

135

是短肽、寡糖等一类的小分子物质，甚至可以是水杨酸之类的信号传递物质。这些激活剂物质接触到植物表面，就像人或动物接种了疫苗那样，能"激活"植物体内自身存在的免疫系统，调节植物的生长状态，使植物生长旺盛，抗病、抗逆能力明显增强，因而可以内在地免受或少受病虫的侵害。就像人的身体强壮了就不容易患病一样。

说说 植物免疫激活剂是怎样发挥作用的

● 植物的免疫反应具有广谱性或多功能性

植物免疫激活剂是怎样作用于植物来达到防御病虫害发生的呢？科学家们经过多年研究已经了解到，植物的免疫作用可能与人或动物的不同，属于一个原始的初级免疫反应。而且，植物的免疫是通过大致相同的路径来抵御病虫害侵入的。多种免疫诱抗剂如蛋白质、寡糖、枯草芽孢杆菌及木霉菌等所诱导的植物免疫反应基本一致，主要都集中在水杨酸、茉莉酸和乙烯等途径。因此，免疫诱抗剂所诱导的免疫反应具有广谱性或多功能性。

● 植物免疫激活剂是怎样诱导植物来抗病防虫的

以下以免疫激活蛋白为例了解植物免疫激活剂的作用原理。

136

在植物的细胞膜上存在着许多具有识别功能的受体，当免疫激活蛋白施用在植物上，接触到植物器官的表面，与表面的膜受体蛋白结合。当膜受体蛋白识别并接受了免疫蛋白的信号传导后，诱导了植物的一系列的代谢反应。促进了植物体内的水杨酸、茉莉酸、乙烯、吲哚乙酸、植保素、抗病相关蛋白等具有杀菌抗病功能物质的合成与释放，从而达到抗病防虫的作用。由于激活蛋白本身对病原物无直接杀灭作用，因此对环境和植物都安全，更不会引起病原物的抗药性。

小知识

相关研究发现，植物免疫蛋白是一类信号传导分子，可通过不同的代谢途径实现信号传导，通过诱导植物自身防御系统和生长系统，提高植物自身免疫力，调节植物生长代谢系统，促进植物生长，提高作物产量和产品品质。在促进植物生长的同时，使植物自身也获得了对病菌的免疫抗性，提高了对病原物的抵抗能力。

说说 常用的植物免疫激活剂产品

我国对植物疫苗方面的研究虽然起步较晚，但已开始在农

137

业生产上应用，并且取得了良好的效果。目前我国已经登记的植物免疫诱抗剂包括枯草芽孢杆菌、氨基寡糖素、免疫激活蛋白等。在此着重介绍寡糖植物免疫诱抗剂与蛋白质植物免疫诱抗剂。

● 细说 植物免疫激活蛋白

由中国农业科学院植物保护研究所邱德文博士领导的团队研制的植物免疫激活蛋白是利用国际尖端的高新技术从多种致病真菌中提炼到的一类新型结构蛋白，具有高效的诱导激发植物自身免疫力、防治病虫害的作用效果，并能够显著改善作物长势，提高作物产量，改善农作物品质。植物免疫激活蛋白的代表产品之一是在农业部登记的"极细链格孢激活蛋白"（见图6—1），经田间应用证明可诱导多种植物对病毒病及多种植物病害的抗性。

图6—1　植物激活蛋白产品

激活蛋白可以以喷雾、灌根、浸种等多种方式施用，适用于番茄、辣椒、西瓜、草莓、棉花、小麦、水稻、烟草、柑橘、油菜等多种农林作物，对灰霉病、黑痘病、溃疡病等真菌、细菌病害，病毒病，以及蚜虫、红蜘蛛等虫害都有很好的防治效果。用于大田作物可平均增产 5% 以上，用于瓜果蔬菜及经济作物可平均增产 10%~20%。

激活蛋白现已进行规模化生产。目前已在北京、辽宁、湖南、广西、河南、黑龙江、浙江等地进行了大面积的应用试验，应用作物品种涉及烟草、茶叶、柑橘、草莓、苹果、桃、葡萄、白菜、水稻等多种作物，对植物病害的综合防效可达 60%~70%，平均增产 10% 以上（见图 6—2、图 6—3）。瓜果试验的结果显示，施药后能显著提高农产品的品质和风味，提高商品售价，产生可观的经济效益和生态效益。

图 6—2　应用植物激活蛋白的不同试验示范区

潜力巨大的新型生物农药——植物免疫激活剂

话题六

139

图6—3 植物激活蛋白产品对不同作物的田间应用效果

小资料

田间应用的结果证明，应用激活蛋白后作物主要表现为：

●苗期促生根。经种子处理或苗床期喷洒，对水稻、小麦、玉米、棉花、烟草、蔬菜、油菜等作物的幼苗根系有明显的促生长作用，作物表现为根深叶茂，幼苗生长苗壮。

●营养期促生长。可提高叶片的叶绿素含量，增强光合作用。作物表现为叶色加深、叶面积增大、叶片肥厚、生长整齐，增加产量。

●生殖期促果实。能提高花粉受精率，从而提高坐果率和结实率，对授粉率低的植株效果尤为明显。作物成熟期表现为粒数和粒重增加，瓜果类表现为果型均匀，产品品质提高。

●防病抗虫。调节植物体内的新陈代谢，激活植物自身的防御系统，从而达到防病抗虫的目的。

植物激活蛋白制剂能诱导植物对灰霉病、青枯病、黄单孢杆菌、烟草花叶病毒病等植物病害的抗性，同时还兼有抗蚜虫和对蔬菜果品的保鲜作用。此外，研究还发现激活蛋白对害虫的几丁质结合蛋白有一定的降解作用，因而植物激活蛋白与 Bt 联合施用，能增强其对棉铃虫、甜菜夜蛾和小菜蛾 3 种重要农业害虫的毒杀作用。

● 细说 糖链植物疫苗

在对植物免疫诱抗剂的研究中，一系列能激活植物自身免疫功能，提高植物抗病性的糖类物质被发现，并被研制开发作为绿色生物农药资源。基于植物免疫的理论基础，通过与动物免疫以及常规动物疫苗的对比，植物保护学家们将这类具有植物免疫调节功能的糖类定义为"糖链植物疫苗"。糖链植物疫苗类产品中包括葡聚糖及其寡糖、壳聚糖及其寡糖、寡聚半乳糖醛酸等。这些功能糖产品已有问世（见图6—4），并取得了一定的成效。近年来对此类功能糖产品的研究开展得如火如荼。

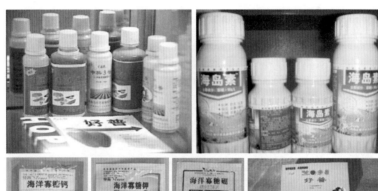

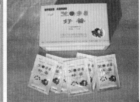

图6—4　糖链植物疫苗产品

糖链植物疫苗在多种植物上具有良好的广谱抗病性，目前温室及田间实验已发现其可针对 50 余种作物起作用，涵盖粮食作物、经济作物、蔬菜、果树等多种作物，可针对真菌、细菌、病毒等多种病害，尤其是其具有较强的防病作用，符合目前提倡的"防胜于治"的植保方法，是满足绿色农业生产需求的一类重要的生物农药，具有良好的应用发展前景。

糖链植物疫苗中有代表性的产品之一——壳寡糖，又称氨基寡糖素，能有效提高水果和蔬菜产量，防治病虫害、增殖土壤和生物菌肥的有益菌，被誉为不是农药的农药，不是化肥的化肥。壳寡糖能刺激植物的免疫系统，激活防御反应，调控植物产生抗菌物质。壳寡糖能诱导植物抵抗根腐病、黑星病等病害，保证植物丰产丰收；还可促进土壤中自生的固氮菌、乳酸菌、纤维分解菌、放线菌等有益菌的增加。通过拌种、浸种、包衣等方法处理种子，可促进种子发芽，促进早出苗，出全苗，出壮苗。大田实验证明：壳寡糖可使果蔬、粮食作物等增产10%~30%，提高产品品质，而且具有良好的抗病虫效果。壳寡糖具有安全、微量、高效、成本低等优势，可以应用于粮食和蔬菜的种子处理，也可用于土壤改良，抑制土壤中病原菌的生长，改善土壤的团粒结构和微生物区系，还可用于饲料添加剂等。

小资料

糖链植物疫苗在各种不同作物上的应用研究显示：

● 在粮食作物上。壳寡糖可诱导水稻抗稻瘟病能力明显增强，对稻瘟病同时具有防和治的功能。具体表现为，壳寡糖处理后的水稻植株染病率下降；染病后的水稻植株用壳寡糖处理也能减轻病症，防病效果达50%以上。针对其他粮食作物如小麦、大麦、大豆等，壳寡糖、寡聚半乳糖醛酸等糖链植物疫苗也具有良好的免疫调节作用。

● 在经济作物上。烟草作为一种重要的经济作物被广泛种植，但烟草花叶病会对其产量造成严重影响。壳寡糖及其衍生物对烟草花叶病的防治有良好效果，以50 μg/mL浓度时应用效果最佳（见图6—5）。此外，糖链植物疫苗在烟草寄生疫霉和烟草坏死病毒等病害防治上也有较好的效果。俄罗斯学者还发现多种不同聚合度的壳聚糖都对马铃薯病毒病具有一定抗性，以相对分子质量120KD左右的效果最佳。对油菜菌核病也有较好的控制作用，防效在40%左右。

● 在蔬菜上。不同的糖链植物疫苗针对相同的植物病害效果各异。如壳聚糖对黄瓜白粉病有 65%、82% 和 87% 的抑制率；而几丁寡糖对黄瓜白粉病的防治效果却很差。壳寡糖单一使用对黄瓜腐烂病效果不佳，但与一种生防菌溶菌酶共同使用时可以大幅提高防治效率。说明糖链植物疫苗与其他防治手段有协同促进作用。

●在水果上。一定聚合度的壳寡糖对葡萄白粉病、葡萄霜霉病有很好的控制作用，且在与硫酸铜共同作用时效果更佳；Trouvelot 等研究发现硫酸化的葡聚糖对葡萄有一定的增敏作用，使用其预处理葡萄，可使葡萄在被霜霉菌侵染时表现出更高的防效，且这种防治作用与过氧化氢的产生有关。

图 6—5　喷施 50×10^{-6} 浓度壳寡糖对烟草花叶病毒的防治作用

（左：对照；右：壳寡糖处理）
（图片由中国科学院大连化物所赵小明研究员提供）

近年来，杜昱光团队研究了糖链植物疫苗对西瓜、木瓜、苹果、梨等多种水果上病害的防治作用，发现糖链植物疫苗对木瓜花叶病、木瓜病毒病、苹果腐烂病、苹果落叶病等病害防治效果良好（见图 6—6）。

图 6—6　糖链植物疫苗对不同作物的田间应用效果

（图 6—4、图 6—6 摘自中国科学院大连化物所杜星光研究员学术交流资料）

说说　植物免疫激活剂的应用效果

● 植物激活蛋白的田间应用效果

3% 极细链格孢激活蛋白可湿性粉剂在多种作物上的应用效果

用北京同昕生物技术有限公司生产的植物激活蛋白 3% 可溶性粉剂多年来在湖南桃源、华容、岳阳、湘阴、石门等地分别在水稻、辣椒、大白菜、藠头、烟草、棉花等作物上进行了田间示范试验。结果表明，植物激活蛋白连续施用 3~4 次，对多种农作物主要病害都具有一定的诱抗作用，特别是对病毒病的诱抗效果显著，同时能明显促进作物的生长发育，提高作物的产量和品质。具体表现如下。

在水稻上的应用效果：用激活蛋白 1 000 倍稀释液浸稻种 16 h，提高种子发芽率 2.4%，浸种的秧苗根数增加 25.0%，百株干重增加 0.4 g，绿叶数增加 5.47%；在晚稻分蘖期、孕穗期和抽穗期分别喷施 3 次，有效分蘖增加 5.4%，平均株高增加 1.6 ~ 4.1 cm，对水稻纹枯病的预防效果为 46.89% ~ 53.81%，对因二化螟危害造成枯心苗的补偿效果为 17.20%。

在辣椒上的应用效果：示范面积 1.33 hm^2。植物激活蛋白可溶性粉剂（15 g/ 包）1 000 倍稀释液每隔 15 天喷施一次，共施用 4 次，对辣椒病毒病、疫病、白绢病和炭疽病的诱导抗病效果分别为 70.0%、66.7%、60.0% 和 62.5%。均略好于农药"可杀得"的防治效果（分别为 60.0%、66.7%、40.0% 和 37.5%）。另外，施用激活蛋白的辣椒生长旺盛，植株平均增高 2.50 cm，枝叶茂盛，叶色浓绿，辣椒坐果率增加 5.0%~10.0%，果肉增厚，颜色光亮，能明显提高辣椒的产量与品质。

在大白菜上的应用效果：在岳阳市君山区广兴洲镇的大白菜种植之乡试验示范面积为 2.28 hm^2。从大白菜移栽缓苗后开始，分别间隔约 15 天，连续 3 次喷施植物激活蛋白可溶性粉剂 1 000 倍稀释液。结果显示：对大白菜病毒病的诱抗效果较好，为 62.50%；对霜霉病、炭疽病和软腐病等也有一定的诱抗效果。

在烟草上的应用效果： 2003 年应用植物激活蛋白控制烟草花叶病，效果比较理想，用激活蛋白 1 000 倍稀释液施药 2 次，诱抗效果为 73.93%。同时，植物激活蛋白还能明显促进烟草的生长，主要表现为株高、留叶数和叶面积增加，其中株高增长

7.42%，中上部的叶面积分别增加 10.35% 和 14.80%。

在棉花上的应用效果：用激活蛋白 1 000 倍稀释液浸泡棉种 6 h，可提高棉种的发芽率和根系发达程度，增强幼苗的抗逆性。其中，棉籽发芽率提高 10.0%，平均根重增加 32.9%，根系中脱氢酶活性比对照提高 33.0%。用激活蛋白 1 000 倍稀释液分别在幼苗期、现蕾期和初花期喷施 3 次，棉花的现蕾强度、成花率、成铃率和吐絮率，比空白对照分别提高 79.56%、17.49%、39.84% 和 16.66%；单铃重和衣分比对照分别提高 3.08% 和 1.67%；还可减少蕾铃脱落，减轻枯、黄萎病的发生，籽棉和皮棉产量分别提高 15.12% 和 17.19%。

在柑橘上的应用效果：在石门县柑橘上连续使用植物激活蛋白的结果表明，施用激活蛋白的柑橘树嫩叶转绿明显快于空白对照树，嫩叶很快成为功能叶，嫩叶含水率达 77.8%，柑橘坐果率提高 7.38%。

普绿通植物免疫蛋白粉剂的田间应用效果

在茶叶上的应用：在广西省柳州市的鹿寨县、融水县以及浙江省松阳县的多个茶园进行了普绿通植物免疫蛋白应用示范试验。在广西鹿寨县和融水县采取茶园封园后间隔 7~10 天喷施"普绿通"药剂 1 000 倍稀释液 2 次，开采前 20 天喷施 1 次，共计喷药 3 次的方法。结果显示，与对照组相比，茶叶芽长平均增加 2.33%，发芽密度平均增加 14.98%，百芽重平均增加 10.99%，亩产平均增加 30.89%，抗病促增产效果显著。在浙江省松阳县茶园进行的示范试验结果显示，施用普绿通 1 000 倍稀释液 3 次后，茶叶发芽密度提高 14.23%，百芽重增加 10.54%，茶叶鲜叶产量比对照组增产 17.61%。

在京郊大棚蔬菜上的应用：在北京郊区的昌平、平谷、延庆等地进行的应用"普绿通植物免疫蛋白粉剂"防治大棚番茄、辣椒、黄瓜等蔬菜病害的田间示范试验效果表明，用植物激活蛋白制剂 1 000 倍稀释液处理多处大棚的番茄、辣椒、黄瓜等多种，其防病和增产效果均显著。在昌平，对大棚番茄灰霉病的防治效果为 63.81%~75.38%，促进番茄增产 7.70%~16.89%；促进黄瓜增产 9.30%；各棚番茄和黄瓜植株各部位叶片的叶绿素含量均高于各对照组；番茄的维生素 C、可溶性糖以及可溶性固体物的含量均增加；黄瓜的可溶性糖含量也有增加。在延庆，喷施"普绿通植物免疫蛋白" 1 000 倍稀释药剂后，各棚辣椒叶片的叶绿色含量比对照组增加 2.85%~11.65%，植株干重增加 8.01%~11.73%，坐果率增长 14.29%，增产 7.70%~13.20%；各棚番茄叶片叶绿素含量增加 14.43%~16.46%，坐果率增长 13.7%，增产 11.49%~16.89%。各实验大棚的蔬菜植株在肉眼直观上均表现为叶色加深，叶片肥厚，生长整齐，坐果率增加。对蔬菜果实的品尝结果显示，应用了激活蛋白的各蔬菜组果实品质和口感均有改善。该结果表明，应用了激活蛋白产品使蔬菜植株的光合作用明显增强，植株健康，生长旺盛，减少了病虫害的发生概率，提高了产量和品质。

在芹菜上的应用：在内蒙古赤峰市于楚东现代农业园区进行了芹菜（美国西芹）的"普绿通植物免疫蛋白"应用示范试验。分别于幼苗移栽 20 天后和叶丛生长初期及叶丛生长盛期各喷施

"普绿通"药剂 1 000 倍稀释液 3 次，总体结果显示，处理组比对照组的芹菜株高增加 3.5~11.0 cm，茎围增加 0.25~2.0 cm，株重增加 17.5~25 g，芹菜叶色浓绿；发病率降低 2.5%~5%，产量提高 8.5%~15.2%。

小资料

植物激活蛋白的应用效果看似不很起眼，但核算到具体的产值中就相当惊人了。例如，中国是烟草种植大国，据统计 2002 年全国烤烟种植面积为 1 191.9 千公顷，总产量为 213.5 万 t，按烟草花叶病毒病造成损失 5% ~ 20% 计算，每年将损失烤烟 10 万 ~42 万 t。施用植物激活蛋白制剂可使烟草减少因病虫害造成的损失 60% 以上，以此计算，应可每年挽回烤烟损失 6 万 ~25 万 t。以发病后用药二次计，每年 30 t 激活蛋白农药产品的使用，可使农民减少损失 11.2 亿元。

应用植物激活蛋白预防白术病害的效果

白术是需求量较大的重要中药材，抗逆性较差，易发立枯病、根腐病、斑枯病、白绢病等。常常因为高温、干旱、水涝或病虫害而影响市场供给。2005 年浙江丽水市农科所苏朝安等人在龙泉市竹洋乡开展了不同时期应用不同浓度植物激活蛋白液预防白术病害的试验。结果表明，用植物激活蛋白 700~1 300 倍稀释液隔 30 天叶面喷施，共 2 次，对白术根腐病有 53.9% ~

150

81.2% 的防效，提高产量 35.2% 以上；用植物激活蛋白隔 30 天叶面喷施，共 5 次，对白术斑枯病有 58.1%～63.3% 的防效，提高产量 46.93% 以上。

● 糖链植物疫苗田间应用示范

壳寡糖处理苹果

在陕西安塞、礼泉、眉县进行了寡糖植物疫苗防治苹果落叶病、预防冻害的实验和示范，取得了显著的效果，寡糖生物农药在 5 月中旬、6 月下旬、7 月下旬和 9 月上旬喷药 4 次，对苹果落叶病有明显的防治效果，防效达 67.85%，落叶相对减少率为 64.64%。壳寡糖对苹果冻害有明显的控制作用，75×10^{-6} 的壳寡糖处理，苹果花朵坐果率为 57.61%，是喷施硼尔美（对照）处理花朵坐果率的 2.66 倍，提高 1.66 倍，差异显著。

壳寡糖处理酥梨

梨示范基地主要建立在陕西省蒲城县，以酥梨为主，主要开展了酥梨预防冻害、提高品质和降低农残方面的实验示范。通过 3 年的实验和示范，结果表明喷施壳寡糖对梨的花期冻害有明显的控制作用。喷施壳寡糖能够显著提高酥梨的坐果率，坐果率与对照相比可提高 9.9 倍。显著促进幼果的生长发育，壳寡糖处理的幼果直径增加了 1.42 mm。后期调查壳寡糖处理的梨树挂果均匀，负载合理，果个适中，最终产量高，效益好。

小资料

2009 年蒲城使用壳寡糖的酥梨经过检测，品质和农残达到了出口澳大利亚的标准，历史上第一次出口澳大利亚，创汇 30 万美元，建设为出口酥梨基地打下了坚实的基础。

壳寡糖处理西瓜

2010 年 2 月在陕西蒲城对大棚西瓜进行了壳寡糖防寒促生长实验，在西瓜苗期喷施壳寡糖，开花坐果后喷一次，间隔 7 天再喷一次。观察到幼苗生长快，西瓜蔓一个月增长 100 cm，对照蔓长 150~180 cm，壳寡糖处理蔓长 250~280 cm；开花早，坐果早，早上市，结瓜比对照提前 3 天，二茬瓜比对照提前 10 天，三茬瓜用了对照二茬瓜的时间。在提高产量和产值方面，壳寡糖处理后亩产 2 000 kg，售价 4 元 /kg，产值 8 000 元，对照处理亩产 1 650 kg，售价 3.2 元 /kg，产值 5 300 元。

壳寡糖对樱桃的预防冻害试验

在陕西的铜川和山东烟台两地做了寡糖植物疫苗预防樱桃冻害的实验和示范。在开花前和幼果期喷施寡糖植物疫苗（50~75）× 10^-6，2010 年取得了明显的效果。5 月 20 日在陕西铜川调查结果显示，寡糖植物疫苗处理结果率明显提高，寡糖处理的樱桃红灯品种坐果率为 87.5%，先锋品种的坐果率为 73.3%，龙冠品种的坐果率为 71.4%，而没用寡糖的樱桃红灯坐果率为48.3%，先锋品种的坐果率为48.6%，龙冠品种的坐果率为59.5%。寡糖处理提高了樱桃的可溶性糖含量，用手持糖量仪测定，寡糖处理的樱桃糖含量平均为12，而没处理的樱桃糖含量为10。在山东烟台的栖霞桃村进行实验，取得了相似的结果，用寡糖处理的红灯品种坐果率为85.8%，而对照仅为41.2%。

在海南进行的寡糖植物疫苗示范

在海南万宁、文昌及澄迈等县进行寡糖与其他生物制剂集成示范，示范基地集成了缓释复合肥、控释复合肥、寡糖植物疫苗、病毒生物农药宁南酶素、S-诱抗素、除虫菊酯生物农药等多项绿色农业技术。示范基地整个生育期施用化肥1次，喷洒农药5~10次，化肥和农药的总投资1 434元，人工费用1 000元，合计投入2 434元。当地农民种植施肥5次，使用农药15~19次，化肥农药的投资2 312元，人工费用1 500元，合计投入3 812元。示范基地减少投入1 378元,减少用药10次左右，减少施肥4次，减少投入36.15%。示范效果显示，示范基地的苦瓜、冬瓜和辣椒长势良好，叶茂果多，病虫害发生率在5%以下。附近农民生产的苦瓜、冬瓜和辣椒的生长相对较差，叶片枯黄、早衰，有的地里已经拔秧，病虫害发生率在30%以上。苦瓜示范基地苦瓜产量达到3 500 kg/667 m^{2}以上，冬瓜产量为7 500 kg/667 m^2，辣椒产量为4 600 kg/667 m^2；而附近农民的苦瓜产量为1 500 kg/667 m^2，冬瓜产量为5 000 kg/667 m^2，辣椒产量为2 000 kg/667 m^2。经过检测，示范地基的产品未检测到农药残留，达到绿色食品的要求。

在茶叶上的应用

用寡糖处理茶叶，茶叶叶片大、肥厚，采茶期提前 7 天，产量提高 40%。农药残留降低，测定了十多种农药残留，其中联苯菊酯差异比较大，寡糖处理组联苯菊酯含量为 0.159 mg/g，正常管理的对照组茶叶联苯菊酯含量为 1.70 mg/g，对照联苯菊酯的量是处理组的 10.69 倍。寡糖处理茶叶茶多酚含量 15%，茶多糖 0.930%；正常管理茶叶茶多酚含量 13.1%，茶多糖 0.914%。品茶师品尝寡糖处理茶叶清香，甘醇绵柔。

在枸杞大田生产中的应用

在枸杞大田生产中喷施寡糖植物疫苗对枸杞产量、农残降解有明显的效果。喷施 75×10^{-6} 寡糖植物疫苗对枸杞鲜果农药残留的降解效果最佳，枸杞产量提高 8.6%。

合理使用生物农药是保证农产品安全生产的第一要素

说说 为什么要使用生物农药

随着国家经济的发展，人民的生活水平越来越高，大多数百姓的生活已步入了温饱型和小康型。大众在吃饱肚子的同时都在进一步追求营养和健康。然而随着我国人口密度的不断增加，可耕土地的不断减少，要用不到世界 7% 的土地养活约占世界 1/4 的 13 亿人口，粮食、蔬菜等农产品的供需矛盾仍然比较突出。

● 化学农药虽然有效但不安全

社会需求对农产品量的要求，不同农产品种类经济价格的差异等都驱使生产者来不及或不愿意采用休耕、轮作等原生态方式来降低农业病虫害的发生率，而同一地块对同一农作物品种的反复种植势必导致病虫害的频发和日益严重。化学农药的使用无疑是最快捷有效的防治手段。然而正像大家熟知的，频繁使用化学农药势必产生抗药性，为继续治理病虫害势必加大农药使用量，如此反复，恶性循环，才导致了今日的"毒豇豆""毒节瓜""毒韭菜"等农残超标事件的发生。公众对农产品食品安全的要求呼声越来越高，要在保证农产品质和量的基础上减少农药的使用量说起来简单，做起来却不是一件容易的事。

⬤ 生物农药是保证农产品安全生产的第一要素

生物农药产业是在追求农产品安全的前提下应运而生的，经历了数十年无数学者和从业者的努力走到了今天，各种生物农药已在农药销售市场占有了一定的份额（尽管是很低的份额），已为公众的食品生产安全贡献了一份绵薄之力。但比起真正的生产需求，生物农药的研发和生产现状还差得很远。这不仅仅是因为生物农药行业起步晚，还因为生物农药的许多自身特点，以及广大农民对生物农药的认知程度。

因而，如何合理使用生物农药是保证农产品安全生产的第一要素。

说说 生物农药的优劣

● 生物农药源于自然界和生物体

比起化学农药，生物农药因其源于自然界和生物体，其最突出的特点当是对人、畜和环境的安全性。生物农药的安全优势大致可归纳为以下 5 点：

其一，生物农药的天然毒性通常比大多传统的化学农药低。

其二，生物农药对靶标生物的选择性强，只对少数目的病虫起作用，而对人类、哺乳动物、鸟类、其他昆虫无害。

其三，在自然界有固有的降解途径，因而在对靶标生物发挥作用后能迅速分解，基本不在水和土壤等环境中长期存留，因此表现得高效、低残留，不污染环境。

其四，因作用机理的多样化而不易产生抗药性，因而不存在需要逐渐加大用药剂量导致污染的难题。

其五，以预防为主，能有效降低病虫害的发生概率，在保证农产品质和量的同时，大大减少传统化学农药的使用量。

● 生物农药有特定靶标，选择性强

生物农药除了安全性高以外，其对靶标生物的作用原理和作用方式也决定了其不同于传统化学农药的一些优势。

157

首先，生物农药的靶标对象范围较集中，例如，苏云金杆菌制剂（"苏利菌""菌杀敌""敌宝"等）的毒杀对象是鳞翅目幼虫，对蚜类、螨类、蚧类害虫无效，当然也对其他非靶标生物无害。

其次，从作用机理来说，苏云金杆菌的作用途径是经胃毒杀，死亡后的虫体还可感染其他未接触过农药的同类害虫。

最后，真菌杀虫剂如白僵菌、绿僵菌等感染害虫虫体后，害虫发病迟缓，在其死亡前可携带病菌在整个种群中造成传播，导致多数害虫的连续发病和死亡，具有流行病学意义。这是传统化学农药达不到的效果。

生物农药的高效低毒

生物农药的高效低毒是公认的。然而生物农药本身的许多优点也同时是其不足之处。例如，上述的"白僵菌、绿僵菌对害虫发病迟缓，可在种群中造成流行病传播"无疑是优点，但在害虫集中大暴发的急性期却往往因为发病迟缓而无法在短时间内紧急控制住害虫的种群数量，就不如化学农药在急性期的控制效果显著。

生物农药药效迟缓

大多生物农药都存在药效迟缓的问题，因为它们的作用原理和方式要么需要一个寄生期，要么需要一个体内反应期，要么需要一个感染传播期，要么需要一个激活植物自身免疫系统的调节期。总之，大多数生物农药都表现为药效迟缓但持效期长，延续效果显著。这就要求使用者有一个施药提前量，才能保证防治效果。因此，生物农药强调一个"防"字，是以低剂量、预防为主，促使植株不发病或少发病的防治手段。这与我国农民大多采取的"不见兔子不撒鹰"的防治理念有所不同，因而难以使农民接受。对于我国大多收入低下的农民来说，"防病、防虫"不失为一种"奢侈"和"浪费"。这是生物农药不被十分认可的原因之一。

生物农药价格昂贵

生物农药不被十分认可的原因之二是其价格的相对昂贵。由于生物农药往往需要进行集中饲养、菌物发酵及生产后处理等工艺，需要耗费较多成本，因而销售价格比起一些低价格的化学农药来说不占优势，对于经济不宽裕的农民来说，经济利益是首先考虑的主要指标。

生物农药活性保持时间短

生物农药不被十分认可的原因之三是产品的货架期问题。生物农药多是活菌或一些天然物质，其活性成分的保持时间比之大多化学农药要短。一些化学农药可以随便放置两三年不失效，而生物农药的保存时间和保存条件都相对严苛一些，否则即会失效。这也是影响农民购买积极性的原因之一。

生物农药易受环境因素干扰而降低药效

生物农药不被十分认可的原因之四是其易受环境因素的干扰而降低药效。许多生物农药中的有效成分，无论是活菌本身还是代谢产物，因是天然物质，很容易受到日晒（紫外线）、高温、高湿、pH 值变化、强风和雨水（冲刷或稀释）等环境变化的影响而失去稳定性，从而影响防效。这是生物农药的不足之处。科学家们正在通过筛选抗逆性更高的菌株来改善这一情况。

说说 如何弥补现存的不足

对上述生物农药的不足之处，除了科学家和业内人士的不断努力和改进，广大使用者通过自身的使用技术培训，适当调整使用技巧，还是可以在一定程度上弥补生物农药的现存不足，使其充分发挥高防治效能的。合理使用生物农药可从以下几方面着手：

● 早期施药，以防为主

大多生物农药都需要一个寄生、侵染和发挥药效的延缓时间。因此，以防为主的理念非常重要。应随时注意观察病虫害的可能发生情况，一旦发现病虫害苗头及时用药，将病虫害控制在早期，即可起到事半功倍的效果。因为一旦病虫害大发生，由于药效延迟发生的特点，用生物农药就很难即刻控制病虫疫情了。有条件的农户对农作物土传病害的防治可以考虑"预防"的措施，如在易发生某种病害的地块采用播种时就以种子包衣、

160

穴施、蘸根等方法处理种子，这样就在植物发芽生长的根际预先造成了有益菌占优势的土壤微环境，阻止或减少了病原菌对植株的侵染概率，强壮了植株，把发病概率降到最低，以少量的生物农药用量和低廉的经济付出保证了作物的生长优势，从而达到防治病害的效果。

🔵 把握施药技巧，事半功倍

使用生物农药时必须注意温度、湿度、太阳光和雨水四大气候因素。

掌握温度，及时喷施，提高防治效果

许多生物农药的活性成分是活菌、蛋白质晶体或有生命的芽孢，对温度的要求较高。在使用生物农药时，务必注意控制环境温度，宜在 20℃ 以上。一旦施药温度过低，会影响生物农药芽孢的萌发和繁殖速度，使其作用缓慢，影响防治效果。以 Bt 杀虫剂为例，在 20~30℃ 条件下喷施，对害虫的防治效果比在 10~15℃ 间高出 1~2 倍。因此，掌握好最佳温度，才能确保喷施生物农药的防治效果。

把握湿度，选时喷施，保证防治质量

生物农药对湿度的要求极为敏感。农田环境湿度越大，药效越明显，像白僵菌、绿僵菌之类的真菌杀虫剂的孢子萌发都需要一定的湿度（药剂储存时则需要保持低温、低湿以防止孢子的过早萌发）。一些粉剂生物农药最好是在早晚露水未干时施药，以保证药剂能很好地黏附在植物的茎叶上，并使芽孢快

速繁殖，害虫一旦食到叶子，立即产生药效，这样防治效果才好。

避免强光，增强芽孢活力，充分发挥药效

生物农药中的很多有效成分都对阳光中的紫外线敏感，长时间的阳光照射会使其中的很多成分降低或丧失活性。因此，应尽量避免强阳光对药剂的直射，适当避光或选择晚间日照弱的时候施药，对保护药剂免受强光照射有好处，也可促进生物农药的药效发挥。

避免暴雨冲刷，适时用药，确保防治效果

切勿在暴雨前喷施生物农药。暴雨的冲刷会使喷施在蔬菜、瓜果上的菌剂被冲掉，即使不被全部冲掉也会大大稀释药剂浓度，严重影响防治效果。因此，农户在用药前应参考当地气象部门的天气预报，掌握好施药时间，以确保防治效果。

综上所述，只要生物农药使用者正确认知生物农药的特点，掌握正确的施药方法和技巧，给生物农药药效的发挥留出适当的作用延缓时间（通常在 2~5 天），生物农药必能达到既能有效地防治病虫害，又能良好地保护农业生态环境，更能保证人民食品安全的多重目标。

162